# 土 と 農 地

－土が持つ様々な機能－

長谷川 周一 著

養 賢 堂

## はじめに

　農学では，遺伝資源である作物の知識に加え，実際に作物を生産する農地を正しく理解することがとても大切である．農地に関しては，基礎的な部分を土壌学が教え，学部教育ではほぼ必修科目となっている．そして，学部で教える土は排水や灌漑が整備された農地を対象とすることが多い．しかしながら，わが国では農地の排水に対する農家の要望は依然として非常に大きく，世界的に見れば灌漑に対する需要が多い．排水や灌漑は土中の水の保持と移動がその基本にある．これをさらに広げて，ガス，溶質といった物質と土の温熱のようなエネルギーの貯留と移動を加えて土を見ると，土が作物生産のみならず，環境の保全など多くの機能を有していることが理解できる．

　現在の農学はすでに作物生産に加えて，環境の保全，食の安全・安心，生態系との調和など複数に焦点を当てている．そして，学部卒業生の就職先も多様化しているとはいえ，直接に農業生産に携わらなくても，農業や農業現場，農産物流通の仕事に携わる卒業生は多い．そこで，土が持つ物質を貯留し流す機能を学ぶことで，「人は農地をどのように改良してきたか」，「作物生産と環境の相互作用」，「農産物の安全を担保する鍵は何か」といった大きな視点で土の理解が進むと考えられる．さらに，土や農地の有する物質を貯留し，流す機能を知ることで，土が大気圏と地殻圏に挟まれ，物質循環に重要な役割を果たしていることが理解できる．

　本書の前半の第1〜第5章では，水，ガス，温度，溶質の貯留と移動のメカニズムの基本を解説し，6章では物質収支の大切さを指摘した．土中の物理現象は数式を用いることにより簡潔に表現できるというよい点がある反面，数式が出てくることで，前に進めない学生も多い．そこで，

(2)　はじめに

　本書では高等学校で習うオームの法則程度の数式にとどめ，現象の理解に重点を置くことにした．

　後半の第7～第10章では，水田，畑といった農地レベルの貯留と移動の問題を取り上げた．第7章では，イネ生育の場としての水田の特徴に加え，水田農業の持つ多面的機能を紹介した．第8章では，わが国特有の水田の暗渠排水に焦点を当て，ヨーロッパで発展してきた畑の暗渠が水田に導入され，さらに汎用農地まで至った歴史的な過程についても考察を加えた．第9章の畑では，土壌水分，地温，畑からの二酸化炭素放出の年変化を紹介した．また，硝酸塩の移動を長期観測データより示し，水移動と対応させた研究も紹介した．これらの長期データは，筆者がかつて勤務した農林水産省農業環境技術研究所（現独立行政法人農業環境技術研究所）において，土壌物理研究室の歴代の研究員がそれぞれの研究の一環として長期計測したデータの一部を用いた．いずれも先駆的かつランドマーク的な研究成果である．このような物質の移動と収支の実例を通して畑の理解は進むことが期待できる．第10章では，世界的に見ると排水よりも需要の大きい畑地灌漑を解説した．第11章では土と環境問題について，硝酸塩，土壌侵食，塩害を取り上げた．さらに最終章の12章では，ここまでの章とは別の視点で，人が生きていくために必要な農地面積，水の量，エネルギー消費量を取り上げた．

　本書の内容は大学生レベルならば誰でも理解できるように，難しい概念や数学，物理を使わないで執筆した．したがって，農業問題や環境問題に興味を持っている一般の人，義務教育の授業の一環として土を教えようとしている小中学校の教員にとって参考になることも多いと思われる．また，家庭菜園を楽しむ人にとっては身近な土が持つ様々な機能を知ることで，作物栽培の楽しさが増すだろう．

# 目　次

## 第 1 章　土の概要
1.1　土の定義 …………………………………………………………… 1
　1.1.1　土ができるまで ……………………………………………… 1
　1.1.2　層位 …………………………………………………………… 2
　1.1.3　土粒子 ………………………………………………………… 3
1.2　土の 3 相 …………………………………………………………… 6
　1.2.1　3 相分布 ……………………………………………………… 6
　1.2.2　土壌水分 ……………………………………………………… 8
　1.2.3　間隙の連続性 ………………………………………………… 9
　1.2.4　土の硬さ ………………………………………………………10
　コラム　穴の掘り方 …………………………………………………12

## 第 2 章　水の貯留と移動
2.1　保水 …………………………………………………………………13
　2.1.1　毛管現象 ………………………………………………………13
　2.1.2　平衡状態とマトリックポテンシャル ………………………14
　2.1.3　マトリックポテンシャルの測定法 …………………………15
　2.1.4　水分特性曲線 …………………………………………………17
　2.1.5　植物が吸える水 ………………………………………………19
2.2　土中水の移動 ………………………………………………………21
　2.2.1　ダルシーの法則 ………………………………………………21
　2.2.2　飽和透水係数の性質 …………………………………………22
　2.2.3　不飽和の水の流れ ……………………………………………23
　2.2.4　浸入現象 ………………………………………………………26

2.2.5　選択的な水移動 …………………………………28
　　コラム　ミズゴケの水分状態を測る …………………………30

## 第3章　ガスの貯留と移動

　3.1　土に含まれるガスの成分と濃度 …………………………31
　3.2　土と大気とのガス交換 ………………………………32
　　3.2.1　二酸化炭素の放出速度 …………………………32
　　3.2.2　ガス交換のメカニズム …………………………33
　3.3　根呼吸と微生物呼吸 …………………………………36
　　3.3.1　根呼吸 ……………………………………………36
　　3.3.2　微生物呼吸 ………………………………………38
　　3.3.3　土壌は二酸化炭素の放出源か …………………39
　　コラム　ガス拡散係数の予測 ……………………………41

## 第4章　地温と熱伝導

　4.1　太陽エネルギーの配分 ………………………………42
　4.2　地温 ……………………………………………………43
　4.3　熱伝導 …………………………………………………45
　　4.3.1　熱伝導の特徴 ……………………………………45
　　4.3.2　熱伝導率の測定 …………………………………46
　4.4　地温と土壌水分状態 …………………………………47
　　4.4.1　氷点下でも凍らない水 …………………………47
　　4.4.2　土壌水分と放射エネルギーの配分 ……………48
　　コラム　霜柱の話 ………………………………………50

## 第5章　溶質の貯留と移動

　5.1　溶質と土との相互作用 ………………………………51
　5.2　土中の溶質移動 ………………………………………53

5.2.1　移流と拡散 …………………………………………53
　　5.2.2　流出濃度曲線 ………………………………………54
　　5.2.3　硝酸塩による地下水の汚染と浄化の予測 ……………58
　コラム　土壌溶液を採る ……………………………………59

## 第6章　物質の収支と移動量の測定
6.1　物質の収支 …………………………………………………61
　　6.1.1　水 ……………………………………………………61
　　6.1.2　ガス …………………………………………………63
　　6.1.3　溶質 …………………………………………………64
6.2　移動量の測定 ………………………………………………66
　コラム　Experimenter and modeler …………………………68

## 第7章　水田
7.1　水田の特徴 …………………………………………………69
　　7.1.1　天水田と灌漑田 ……………………………………69
　　7.1.2　水田の造成 …………………………………………71
　　7.1.3　水田の整備 …………………………………………73
　　7.1.4　代掻き ………………………………………………75
　　7.1.5　水田の土壌断面 ……………………………………76
7.2　水田の1年 …………………………………………………77
　　7.2.1　水田の四季 …………………………………………77
　　7.2.2　水田の水収支 ………………………………………78
7.3　水田が畑と異なる点 ………………………………………80
　　7.3.1　土の物理性 …………………………………………80
　　7.3.2　水稲の根 ……………………………………………81
　　7.3.3　水稲の養分吸収 ……………………………………82
　　7.3.4　水田から発生するガス ……………………………83

7.4 多様な水稲栽培 ……………………………………84
  7.5 水田と環境 …………………………………………85
    7.5.1 国土保全機能 ………………………………85
    7.5.2 水質浄化機能 ………………………………87
    7.5.3 生物多様性 …………………………………88
  7.6 汎用農地 ……………………………………………89
    7.6.1 なぜ汎用農地か ……………………………89
    7.6.2 汎用農地の諸問題 …………………………90
  コラム イネという作物 ………………………………92

## 第8章 暗渠排水
  8.1 畑の暗渠排水 ………………………………………93
  8.2 水田の暗渠排水 ……………………………………96
  8.3 汎用農地の暗渠排水 ………………………………99
  コラム どちらの水はけがよいか ……………………102

## 第9章 畑
  9.1 畑の構造 ……………………………………………103
    9.1.1 畑の形状 ……………………………………103
    9.1.2 畑の土壌断面 ………………………………103
    9.1.3 耕耘と耕盤 …………………………………104
  9.2 作物根の分布と水吸収 ……………………………105
    9.2.1 根の分布 ……………………………………105
    9.2.2 水吸収 ………………………………………107
  9.3 畑の土壌水分 ………………………………………109
    9.3.1 土壌水分の四季 ……………………………109
    9.3.2 土層が含む水の変化幅 ……………………111
    9.3.3 水収支の特徴 ………………………………112

9.3.4　圃場容水量 …………………………………………114
　9.4　地温の四季 ……………………………………………………115
　9.5　畑から放出される二酸化炭素 ………………………………117
　　9.5.1　土中の二酸化炭素の分布 ………………………………117
　　9.5.2　土中の二酸化炭素と酸素の滞留時間 …………………118
　　9.5.3　二酸化炭素放出量の四季 ………………………………119
　9.6　畑の水と硝酸イオンの移動と長期変化 ……………………120
　　コラム　根の長さを測る ………………………………………126

## 第10章　畑地灌漑

　10.1　世界の灌漑 ……………………………………………………127
　10.2　灌水点と灌水量 ………………………………………………128
　10.3　灌漑の別な考え方 ……………………………………………130
　10.4　灌漑の方法 ……………………………………………………131
　10.5　灌漑の効率 ……………………………………………………134
　　コラム　Runoff farming ………………………………………136

## 11章　土と環境問題

　11.1　硝酸塩過剰 ……………………………………………………137
　11.2　土壌侵蝕 ………………………………………………………141
　　11.2.1　正常侵蝕と加速侵蝕 ……………………………………141
　　11.2.2　水蝕を引き起こす要因 …………………………………142
　　11.2.3　水蝕の発達 ………………………………………………143
　　11.2.4　風蝕の現状 ………………………………………………144
　　11.2.5　侵蝕防止の難しさ ………………………………………145
　11.3　塩害 ……………………………………………………………146
　　11.3.1　塩害の原因 ………………………………………………146
　　11.3.2　灌漑で塩が溶脱されない理由 …………………………147

## (8) 目　次

　　11.3.3　地表に塩が析出する理由 …………………………148
　　11.3.4　灌漑水の塩濃度が高いことによる塩害 …………148
　　11.3.5　除塩 ……………………………………………………150
　コラム　メソポタミア文明の滅亡とナイル文明の繁栄 …………152

## 第12章　生きていくために

　12.1　土地 …………………………………………………………153
　　12.1.1　1人が生きていくための土地面積(過去) ……………153
　　12.1.2　1人当たりの農地面積 ……………………………154
　　12.1.3　食料生産に必要な農地面積 …………………………156
　　12.1.4　世界の農地は足りないか …………………………156
　12.2　食料生産に使われる水 ……………………………………157
　12.3　食生活に必要とされるエネルギー ………………………158
　12.4　これからに向けて …………………………………………160

　　参考文献 …………………………………………………………163
　　索　引 ……………………………………………………………167
　　おわりに …………………………………………………………171

# 第1章 土の概要

土はどのようにしてできるか，どのように分類するかは土壌生成学，土壌分類学という分野があり，膨大な研究が蓄積されている．したがって，土の概要をどこまで書くかは難しいところであるが，この章では，本書の主題である，土が持つ物質を貯留し，流す機能を理解するのに必要な土の表現法について説明することにする．

## 1.1 土の定義

### 1.1.1 土ができるまで

自分の住んでいるところから少し遠出をしてみると，河川沿いの沖積地の田んぼ，小高い台地の畑，そして森林では土の色が違うことに気づく．色が違うのはどうしてか，土はどのようにしてできたのだろうか，どうやって土の特徴を表現するのだろうか，という疑問が生じる．この疑問に一口で答えるのはそう簡単ではない．土壌学の本や大きな事典に書いてあることをまとめると，「土とは自然にできたものであって，固体（無機物と有機物），液体そして気体から構成され，大地の表面を覆い，もともとの材料にエネルギーや物質が加わり，失われ，移動することにより識別し得る層位または層を有するか，もしくは自然環境のもとで根を有する植物を支える能力があることで特徴づけられる」というように定義されている．土について学ぼうとする初めての人には何ともすっきりしない記述である．この点はこれから必要に応じて解説していくとして，まずは「土は単に土粒子と水と空気からなる物体ではなく，植物が深く関与した自然が作ったものである」ということだけは知っておいて欲しい．土と土壌の違いについては議論もあるようだが，本書では同一と見なし，使い分けも感覚的である．例えば，土研究とか土学者という

よりも，土壌研究，土壌学者の方がいいやすいといった程度のことである．

　土壌学の父といわれ，土の生成について研究をした19世紀ロシアのドクチャエフは，土の生成に「母材，気候，生物，地形，時間の5つの要因が関係している」ことを明らかにした．このうち「時間」についていえば，土が生成される速さは場所により異なり，沙漠では非常に遅いだろうし，高温で水が十分にある熱帯では速いだろう．さらに，泥炭土のように，植物遺体が未分解のまま集積して生成された土は，寒い気候条件下でも意外と速くできる場合がある．

## 1.1.2　層　位

　土を数十cm掘って断面を観察してみると，土がどのようにしてできたかの理解に役に立つ．典型的な土の断面は次のA，B，Cの3つの層（これを層位という）に分けられる．未耕地の地表は，未分解のまたは一部は分解しながらも原形をとどめる落葉・落枝によって覆われており（Ao層），その下には黒いA層がある．次いで褐色のB層，その下にもともとの材料である母岩が物理的に風化して細粒化したC層が認められる．A層が黒いのは，落ち葉などの有機物が分解されてできた腐植という物質のためであり，B層が明るい色をしているのは，降水によりA層から流れてきた無機物が集積したためである．このような層位の分化は長時間かかるため，河川の氾濫が重なってできる沖積地や，火山の繰り返しの降灰によって生成されてきた火山灰地では必ずしも層位の分化は明瞭ではない．農地の場合は，最上層は人によって耕耘されるので作土（Ap層）という．小文字のpはplow（プラウ，鋤）を示す．畑ではAp層の厚さは15〜30cm程度が多い．水田の場合は，田植えを容易にするため，平らにして水漏れを抑えるため，水を張った状態で土を掻き回す代掻きが行われるのでAp層は代掻き層となり，その厚さはせいぜい15cmである．Ap層は栄養分が豊かで微生物が多く，作物の根の大半が集中することで植物の生育を支える．Ap層直下には農業機械の走行などによりできた耕盤という硬い層が見られることが多い．B，C層は下層土といい，水分が多くても養分は少なく微生物数も少ない．

## 1.1.3 土粒子

　水中で土の塊を指で潰していくと，その感触から様々な大きさの粒子からなることがわかる．大きい順に直径が 2 mm 以下を砂，0.02 mm 以下をシルト，0.002 mm 以下を粘土という．砂より大きな粒子を礫というが，礫は土に含めない決まりにしている．礫と砂は篩により区分される．シルトと粘土を区分する方法は，大粒の雨は速く落ちるが，小粒のぬか雨はゆっくり落ちるという法則（ストークスの法則）を使う．土と水を入れたメスシリンダーを十分に振とうし，土をばらばらにした懸濁液を静置後，水面から 10 cm の位置で数分以内に採水するとシルトと粘土の両者が採取でき，10 時間近く経った後に採水するとシルトは，下方に落ちてしまい粘土だけが採取できる．この採取した懸濁液から土に含まれているシルトと粘土の割合がわかる．

　シルトはクレンザー程度の大きさで，指でこすると少しざらざらし，粒であることがわかるが，粘土はぬるぬるするのみで粒という感じはしない．砂，シルト，粘土の質量割合で土を特徴づけることができる．これを土性といい図 1-1 のように 12 種類ある．図のように正三角形を使うとこの 3 つの質量割合を 1 点で表すことができる．これは，正三角形内の

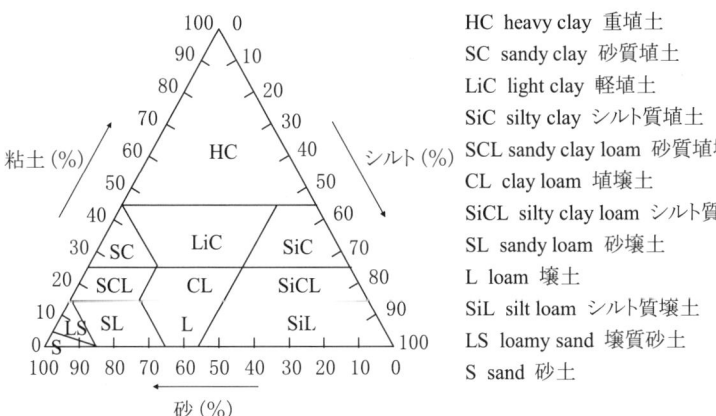

図 1-1　土性区分

1点から各辺に平行に引いた線の長さの合計が正三角形の1辺の長さに等しいことを利用している．例えば，砂が50％，シルトが30％，粘土が20％の土は，砂50％の点をシルト軸に平行に伸ばし，シルト30％の点を粘土軸に平行に伸ばし，粘土20％の点を砂軸に平行に伸ばすと3本の直線は1点で交わる．こうして土性はCL，埴壌土に分類される．粘土分が45％以上の土はHC，重粘土で田んぼには適するが，水はけが悪くて畑利用には困難が伴う．砂分が95％以上の土はS，砂に分類され，海岸の砂のようであり，水を貯めることができないので農地としては利用しづらい．図1-1は国際的に用いられている方法であるが，土性の種類の数が多く，実験室で分析しなければ，どこに分類されるかはっきりしない．しかし，普通の市民の生活においては，土性を表すとき，砂っぽい，さらさらしている，非常に粘つくという表現をする．このようなときは，わが国で用いられている表1-1に示す土性を参考にするとよい．これは，土の塊を指で潰し，触感による判定法をもとにしている．慣れてくると，大体の土性はわかるようになる．

　砂は一次鉱物といわれ岩石が砕けて小さくなった粒子と考えてよい．さらに砕いて0.002 mm以下にすれば，定義上は粘土となるけれど性質は砂のままである．

表1-1　土性とその判定法

| 土 性 | 判定法 |
| --- | --- |
| 砂土 (S) | ほとんど砂ばかりで，粘り気を全く感じない |
| 砂壌土 (SL) | 砂の感じが強く，粘り気はわずかしかない． |
| 壌土 (L) | ある程度砂を感じ，粘り気もある．砂と粘土が同じくらいに感じられる． |
| シルト質壌土 (SiL) | 砂はあまり感じないが，さらさらしたコムギ粉のような感触がある． |
| 埴壌土 (CL) | わずかに砂を感じるが，かなり粘る． |
| 軽埴土 (LiC) | ほとんど砂を感じないで，よく粘る． |
| 重埴土 (HC) | 砂を感じないで，非常によく粘る． |

土壌調査ハンドブック(1997)

粘土は二次鉱物といわれ，一次鉱物と異なる様々な特性，すなわち，荷電を持っていることや表面積が非常に大きいことを通して土を特徴づけている．二次鉱物は，一次鉱物がいったん水に溶けたのち，特定の成分が再び化合し，結晶化したためにそういわれる．粘土鉱物にはいくつかの種類があり，乾いてもほとんど収縮しない粘土鉱物であるカオリナイトは陶器を作るのに使われる．薬の増量剤や光沢紙の表面にも使われている．反対に水を含むと体積が大きく膨らむスメクタイトという粘土鉱物は，かつて水田の水漏れを防ぐのに使われた．これらの粘土鉱物は結晶性粘土鉱物といわれ，シリカ，アルミニウム，鉄，水素および酸素を主体とした化合物で，ほかにカルシウム，マグネシウム，マンガン，カリウム，ナトリウムおよびリンなどの元素を含んでいる．

　結晶性粘土鉱物はその生成過程で例えば，3価のアルミニウムイオンが2価のマグネシウムイオンに置き換わることがある．すると粘土の荷電はマイナスになり，正電荷(陽イオン)を引きつけて中性を保つことになる．このような荷電を永久荷電という．一方，火山灰土に含まれる非晶質粘土鉱物アロフェンは，pHによって正にも負にも荷電する変異荷電を持つ粘土鉱物である．粘土が荷電を持つということは，土の養分の保持，植物の養分吸収，土壌や地下水の汚染に大きく関わっている．粘土が持つこれらの機能については，それぞれ関係の深いところで解説することにする．

　さらに，粘土の形状は球形ではなく，大きさが $10^{-3}$ mm，厚さが $10^{-6}$ mm の薄いシートが重なった板状をしている．イメージとしては畳大の薄いベニア板に似ている．そのため，単位質量当たりで比較すると，粘土の表面積は球形粒子のそれの数十倍から数百倍にもなるという特徴を持っている．例えば，密度が $2.65 \mathrm{g\,cm^{-3}}$ で直径が $0.002$ mm の球粒子の集まりは $1$ g 当たり $1.1 \mathrm{m^2}$ の表面積を有するが，直径が $0.002$ mm，厚さが $0.000001$ mm ($10^{-6}$ mm) の粘土の集まりは $1$ g 当たり $755 \mathrm{m^2}$ という非常に大きな表面積を持つ．粘土が $0.002$ mm 以下の球状の粒子というのは，ストークスの法則を用いたときに $0.002$ mm の塊と見なされるということであり，実際の形状ではない．

## 1.2 土の3相

### 1.2.1 3相分布

　土は土粒子(固相)，水(液相)，気体(気相)の3相から構成される．この3相の割合は水や空気を貯留する，流すという性質に影響を与えている．3相の割合を知るためには，畑に既知の体積 $V_t$ の円筒を打ち込み土を採取する．特に単位を記さないが，体積は $cm^3$，質量は g と考えてよい．円筒容器を除いたこの土の質量を $M_t$ のとき，$M_t$ はこの土に含まれる水 $M_w$ と土粒子 $M_s$ の和を示す．$M_s$ は $M_t$ を 105℃の乾燥機の中で24時間乾燥させることによって得られる乾土の質量であり，$M_w$ は土を採取したときの $M_t$ と乾土 $M_s$ の差から求まる．水の密度を $1\,g\,cm^{-3}$ ($1\,Mg\,m^{-3}$) とすると，$M_w$ と $V_w$ は数値的には等しくなる．土粒子の密度を $\rho_s$ とすると土粒子の体積 $V_s$ は $V_s = M_s/\rho_s$ により計算される．土粒子の密度はアルキメデスの原理を用いて求める．細かな操作の説明を省くと，体積が既知のガラス瓶を水で完全に満たした後，土の塊を入れると，塊の体積と等しい量の水が溢れ出る．次に乾燥機に入れてガラス瓶の水を蒸発させ，土の塊の質量を求める．この質量を土の塊が排除した水の体積で除すことにより，土粒子の密度が計算できる．土粒子の密度は，土によってあまり差がなく，実測値がない場合には $2.65\,g\,cm^{-3}$ で近似することが多い．アルミニウムの密度より少し小さな値である．図1-2 に土の3相の体積と質量の割合を示す．この図の記号を用いると，土の特徴を示す以下のような指標が得られる．

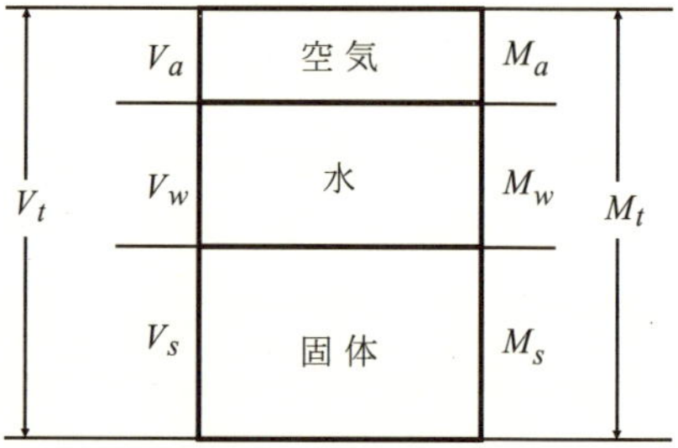

　乾土の質量を全体の体積で除した $M_s/V_t$ は乾燥密度，$\rho_b$ (乾燥かさ密度または仮比重ということもある)といい，土の締まり具合を表す．わが国の多くの土の乾燥密度は $1\,g\,cm^{-3}$ 程度が多い．

| $V_t$ | $V_a$ | 空気 | $M_a$ | $M_t$ |
| --- | --- | --- | --- | --- |
|  | $V_w$ | 水 | $M_w$ |  |
|  | $V_s$ | 固体 | $M_s$ |  |

図1-2　3相の割合

10 L のバケツの水は 10 kg であるが，10 L の乾燥した土の質量が 10 kg の場合，乾燥密度は 1 g cm$^{-3}$ である．ただし，水をたっぷり含むとその質量は十数 kg になる．乾燥密度は，火山灰土では 0.5〜0.6 g cm$^{-3}$ といった小さい値が見られるが，砂浜の砂 (砂丘未熟土) では 1.3 g cm$^{-3}$ 程度であり，土によっては 1.6 g cm$^{-3}$ を超える．しかし，土粒子の密度 (約 2.65 g cm$^{-3}$) を超えることは絶対にない．乾燥密度が大きいということは決められた体積の中に土粒子がたくさん詰まっていることなので，土は硬くて水通しが悪いことが多い．農地では，トラクターの走行などにより土が締め固められて乾燥密度が大きくなると，根の伸長が阻害され，排水性も不良となって作物生育に影響を与えることがある．一方，水を適度に含む土をローラーで締め固めると，乾燥密度が大きくて丈夫な土になる．道路やダム (土でできたダムをアースダムという) を作るときは，土のこの性質を利用している．

$V_w+V_a$ は水と空気の体積であり，土中の隙間を示す間隙である．すべての間隙に水が入った状態を飽和，水と空気が混在する状態を不飽和という．$(V_w+V_a)/V_t$ を間隙率といい，$V_s/V_t$ を固相率という．間隙率を $n$ で表すと，固相率は $1-n$ である．間隙率や固相率は％表示することが多い．固相率はどのくらいの値を取るかを図 1-3 のように球形粒子を立方体の箱に入れた場合から考えてみる．(a) の場合，固相率は 52% となる．(b) は球の間に小さな球を入れているが，このようにすると固相率は大きくなる．実際の土では固相率が 70% を超えることはほとんどないだろう．

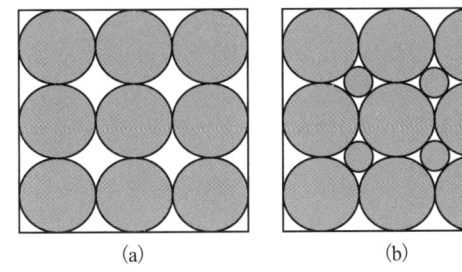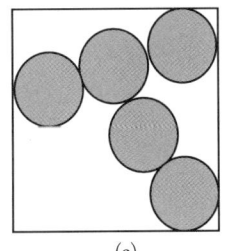

図 1-3　球を詰めたときの固相率

わが国の灰色低地土(水田の主要な土)の固相率は 45%程度，黄色土(東海地方などに分布する古い土)や灰色台地土(北海道の台地などに見られる硬い土)の固相率は 50%を超えることもめずらしくない．多くの場合，土性が砂の固相率は重粘土よりも大きい．さらに(c)の場合の固相率は 29%になる．火山灰土(黒ボク土)の下層土では固相率は 20%以下の小さい値を示すことがある．つまり，感覚的には(c)のように土粒子は必ずしも土粒子に囲まれていない．火山灰土は，世界的に見ると火山国は少ないためになじみが薄い土であるが，火山国のわが国では畑地の約半分を占める主要な土である．

### 1.2.2 土壌水分

粘土分の多い土では含む水の量によって土の性質が大きく変わる．水が多くてどろどろの液体のような状態から，水が減るにつれ粘土細工ができる塑性状態になり，乾くとかちかちの固体になる．このような状態変化を上手に利用して，耕耘をし，陶器を作り，土を固めて道路やダムを作る．一方，植物にとっては，水が多すぎても足りなくても生育は思わしくない．そこで，湿った，乾いたという感覚的な表現に代わって基準があれば，数量的に比較が可能になる．これを表す指標の1つに含水比がある．含水比とは，土が保持している水の質量を乾土で除した数値で，図 1-2 に従えば，$M_w/M_s$，単位は $kg\,kg^{-1}$ となる．含水比は水と乾土の質量比であるため，水を多く含む火山灰では1を超えることがあり，スメクタイトでは10近くになることもある．含水比という指標は道路やダムで土を扱うときなどによく用いられる．もう1つの水分量の表し方に体積含水率があり，$V_w/V_t$ で表される．既知の体積の容器に土を採取し，採取時の質量と乾燥機に入れた後の質量の差を水の体積と見なし，これを容器の体積で除した値で与えられ，単位は $m^3\,m^{-3}$ である．これは，作物生育との関係でよく用いられる．例えば，作土の体積含水率が $0.4\,m^3\,m^{-3}$ とすると，厚さ 30 cm(300 mm)の作土には 120 mm の水が含まれることになり，同じく mm で表される雨量と比較しやすい．含水比は土粒子に

着目した保水量であり，体積含水率は空気を含めた集合体としての土に着目した保水量である．間隙率から体積含水率を引いた値が気相率，$V_a/V_t$ $=n-V_w/V_t$ である．土中のガス移動や根の呼吸は気相率との対応で考えることが多い．

### 1.2.3 間隙の連続性

土は物質を貯留する，流すといった重要な機能を持っている．物質を貯留する機能のうち，イオンが粘土粒子に引きつけられるような貯留は固相の性質に由来するが，水や空気の貯留は液相と気相の中で行われる．また，物質が移動するのも液相と気相の中である．したがって，3相分布で述べた間隙率の大小は大切な指標ではあるが，もう1つ大切なのは物質が出入りする間隙の大きさとその連続性(間隙の構造)である．

野外から土塊を採取し，手で潰すと，土によって決まった壊れ方をする．ある土は角張った小さな塊ができるし，土によってはただ細かい粒になる場合もある．土塊が割れた面はほかの部分よりも土粒子相互の密着度合が弱く，連続した間隙が存在するだろう．また，土壌断面を観察すると乾燥による亀裂があったり，過去に粘土が流れた痕跡が筋状に認められたりする．さらに，植物根が朽ちてできた根穴の間隙が見られる．このように土の間隙構造は，砂(砂丘未熟土)のような例を除くと非常に多様である．直径が 0.002 mm の粘土粒子間の間隙の大きさは粒子程度であるのに対し，大きな穴は，アリの通り道やミミズの作った穴，根の跡などもあるため，間隙を流れる液体や気体の速度は場所によって非常に異なる．間隙の連続性が悪くても水や空気の貯留機能はあるが，土が物質を流す機能は間隙の連続性によって非常に大きく変化する．農地化する前の自然植生の状態では地表面に水が溜まることがなかったのに，農地にしたため排水性が悪くなり，降雨後なかなか水がはけないことがある．これは，自然植生の状態では間隙の連続性が保障されていたのに対し，農地にして土を耕し，機械が走ることにより，土の間隙構造が破壊され連続性が悪化した結果である．

森林や草原の土には団粒が見られる．団粒は，根の分泌物，ミミズに代表される小動物の作用が長年にわたって継続することでできた産物である．団粒を持つ土では，団粒間の大きな間隙が連続することで水や空気の移動に寄与し，団粒内の小さな間隙は水を貯留する役目を担い，団粒は植物の生育に好ましいと古くから経験的，総合的にいわれてきた．しかし，形態的な違いから連想される団粒間，団粒内の間隙の量や物質を流す特性などの物理的機能を定量的に評価することは非常に難しいことである．団粒の研究は今までに多く行われてきたが，団粒の大きさの分布のような議論にとどまっているのが現状である．

### 1.2.4　土の硬さ

植物が健全に生育するためには，土中に根を張り巡らせる環境がなくてはならない．それには3つの要素がある．1つは，土が軟らかくて根が伸長できること，2つ目は土中に十分水があること，そして3つ目は根の呼吸を保障するために土中の空気と大気とのガス交換が速やかに行われることである．後者の2つについてはそれぞれ第2章と第3章で詳しく述べるので，ここでは土の硬さに注目する．

根の発達は硬い土では貧弱であることは経験上誰でも知っている．しかしながら，土の硬さというのは単純な物性値ではなく，土の硬さを測る万国共通の測定器具もない．そこで，同じ器具を使えば硬さを指標としてほかの土との比較ができるということで，わが国では，写真1-1のような山中金次郎が考案した山中式硬度計と円錐を土中に押し込むときに必要とされる力を指標とする貫入式硬度計(コーンペネトロメーター)が

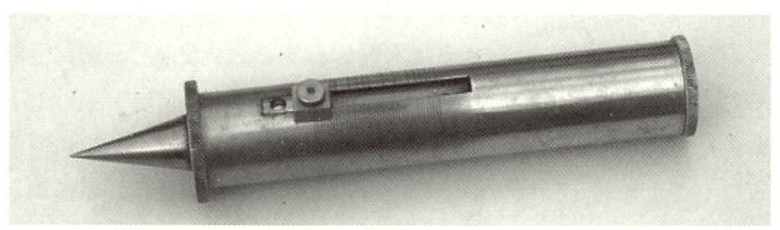

写真1-1　山中式硬度計

よく使われている．根の伸長速度は土壌硬度の増加につれて大きく低下する．一般に，土は乾燥すると硬くなる．したがって，乾燥して土が硬いと根の発達は抑制されるが，含水比が高くなると軟らかくなり根が伸びやすくなるのも事実である．さらに，水が多いと根の呼吸が妨げられ，水が少ないと根の水分が不足し根の伸長速度が低下する (Eavis, 1972)．図1-4は土壌硬度が一定の適度な硬さの土と少し硬い土の根の伸長速度と含水比の関係を示した模式図である．根の伸長には最適な水分条件があり，それよりも水分が多くても少なくても根の伸長速度は低下する．

根は自ら土の中に穴をあけて伸びていく場合と，すでにある管状の穴や亀裂面に沿って伸びていく場合とがある．農家が耕耘する目的の1つは前者の根の伸長を助けるためであり，不耕起栽培では根の伸長に後者の役割も期待している．したがって，土壌硬度のみが根の伸長，発達の指標とはならない．

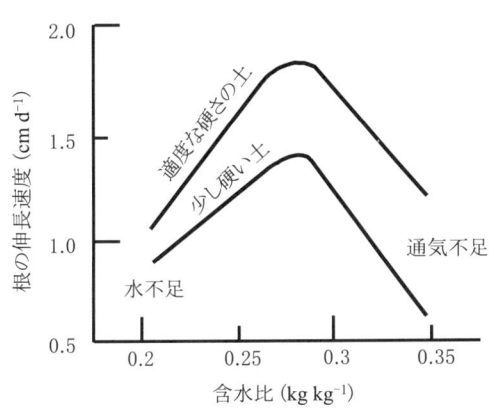

図1-4 土の硬さ，水分，通気が根の伸長に与える影響（概念図）

土は土粒子，水，空気から構成され，固体である土粒子と流体である水と空気が入る場所の間隙がある．続く章では水，空気，熱，溶質の貯留と移動を対象にするが，そこでは図1-2に示す土の液相，気相の割合が重要な意味を持つ．この図から導かれる物理性の指標を理解しておくことが大切である．

## コラム：穴の掘り方

　土壌調査やセンサーの埋設のためしばしば畑に穴を掘ってきた．畑の土は養分に富んだ作土，硬い耕盤そして養分に乏しい下層土からなる．作物を生産する畑であるので，私たちが穴を掘ったために作物生育が不良になってはいけない．それで，掘るときは作土と下層土は別々の場所に掘り上げておき，埋め戻すときは下層土，作土の順で土を入れ，時々足で踏みながら埋め戻す．盛り上がったり，窪地になったりしないようにする．学生が研究室に入って確実に上手になるのは穴の掘り方である．力のある若者でも，力任せでは上手に速くは掘れない．1mの深さまで掘るのであれば，図のように奥行きを1.5m程度とし，階段をつけて掘るのが大変効率がよい．また，スコップでは切り取った土をなるべく下に落とさないように，薄く切り取るのがこつである．通常，穴を掘ったらまず断面観察を行うので，観察面は乱さないようにし，観察面の上は踏まない．

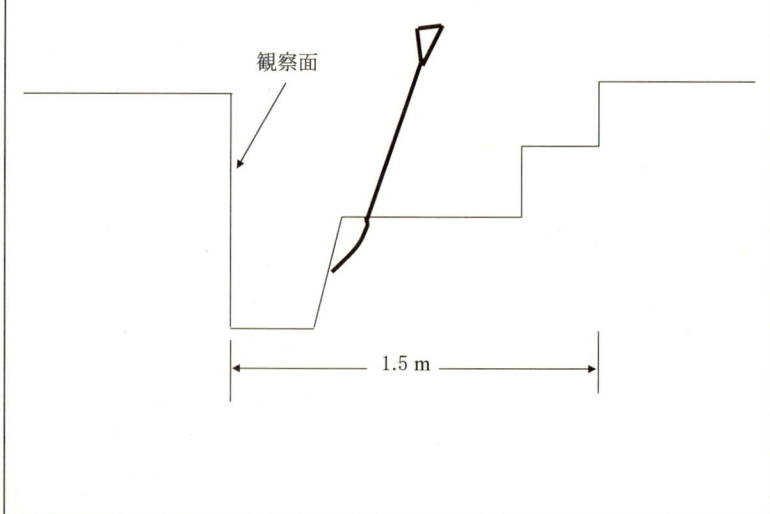

# 第2章　水の貯留と移動

　雨がしばらく降らなくても草木は枯れることがないのは，土が水を貯留する能力があるためであり，河川が流れ続けるのは地表面からしみ込んだ雨水がゆっくりと地中を通り河川に流れ出すためである．このような生態系の維持や水循環の要をなす，土が水を貯留する機構はどのような現象によるのだろうか．また，土中の水移動を支配する要因は何であろうか．水の貯留と移動はガスや溶質に先駆けて研究が開始されており，水で飽和した土中の水移動の研究は19世紀半ばに大きく発展し，不飽和の水移動はそれよりも約半世紀遅れた20世紀初頭から発展した．しかしながら，自然界ではむしろ一般的に見られる不均一な土中における水移動現象の理論化はいまだ確立されているとはいえない．この章では土壌物理研究の中核である，保水と透水について紹介する．

## 2.1　保　　水

### 2.1.1　毛管現象

　土が水を貯留するメカニズムはいくつかあるが，量的に最も多いのは毛管現象による保水である．底に細かな網を張った円筒に乾いた砂を詰め，底部を水の入った容器に漬けると，砂の中を水が上昇していくことが，容器の水が減っていくことから理解できる．砂の長さ(砂柱)が小さいと，砂の表面が光沢を帯び水が到達したことがわかる．また，細いガラス管(毛細管)の下端を水に漬けると，水は毛細管中を上昇し，ある高さで止まる(図2-1)．汚れのない毛細管の場合，

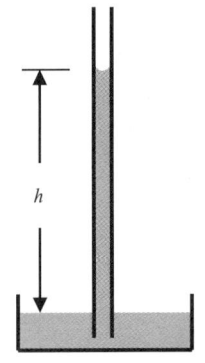

図2-1　毛細管中の毛管現象

毛管上昇高($h$cm)と管径($d$cm)の間にはおおよそ$h=0.3/d$の関係がある．1mmのガラス管の水面は3cm上昇することになる．細い毛細管ほど水面は高い位置にできる．砂の場合も水は毛管現象で上がっていくが，間隙の大きさは単一ではないので，円筒の下部の砂の間隙は水で満たされているが，上部にいくにつれて水が入っている砂の間隙の大きさは徐々に小さくなり，不飽和状態となる．

## 2.1.2 平衡状態とマトリックポテンシャル

　乾いた砂の入った円筒の下端を水中に漬けると，砂の吸水速度は，最初は大きく徐々に小さくなってやがて止まる．このように水移動がなくなった状態を平衡状態という．そこで図2-2の砂柱実験をもとに，平衡ということとマトリックポテンシャルを理解してみよう．砂の表面からは蒸発が生じないと仮定する（実際に覆いをしてもよい）．水はエネルギーの高いところから低いところへと流れるが，平衡状態では砂の表面の水が下に落ちることも水溜の水が砂柱を上がっていくこともない．つまり砂柱内のすべての点で水が持つエネルギーは等しい．水が持つエネルギー成分としては，位置エネルギーと圧力エネルギーがある．そこで，水面を位置と圧力の基準にとりともにゼロとすると，平衡状態では位置エネルギーと圧力エネルギーの和はゼロでなくてはならない．水面から$h$離れた点Aに着目してみよう．A点は水面よりも位置のエネルギーが$h$大きいので，A点には位置エネルギーと大きさが同じで符号の反対のエネルギー，$-h$が存在することでエネルギーの和がゼロとなる．この位置エネルギーと大きさが同じで符号が反対のエネルギーのことをマトリックポテンシャルという．

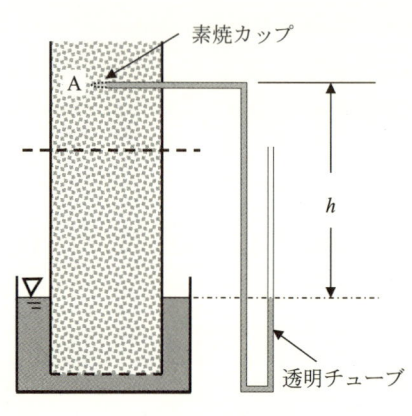

図2-2　平衡状態

このことを最初に明らかにしたのはアメリカの農学者バッキンガムで1907年のことであった．当時はマトリックポテンシャルとはいわずに毛管ポテンシャルと称していた．マトリックポテンシャルは砂柱の中で気液界面が存在する部分，すなわち不飽和で生じることに注意して欲しい．土壌の分野では，位置エネルギーや圧力エネルギーも位置ポテンシャル，圧力ポテンシャルという．

　しかし，実際にA点のマトリックポテンシャルが$-h$であることを直接測定する手法を当時は持っていなかった．マトリックポテンシャルを測定するための素焼カップが開発されたのは，バッキンガムから15年経過した1920年代になってからであった．素焼は粘土を高温で焼いた多孔質体で，植木鉢や土管，高温になる電気機器の絶縁に使われている碍子(がいし)などなじみの深い素材である．素焼カップとは，万年筆のキャップのような形をしており，水で飽和させると水は通すが空気は通さないという性質がある．図のようにA点に水で飽和した素焼カップを挿入すると，これに接続した透明チューブ内の水面が水溜の水位と等しくなることで，マトリックポテンシャルが$-h$であることが容易に確認できる．図2-2では，砂柱の水は水溜の水と平衡しているが，このような状態以外ではマトリックポテンシャルは測定できないのだろうか．例えば，素焼カップをつけた状態のまま点線で示した部分で砂柱を切り取り，点線から上の部分を別の場所に移動させた場合を考えてみる．移動に伴って位置ポテンシャルは変化するが，切り取った部分の水分量は変化しないし，透明チューブの水位も変化しない．つまり，マトリックポテンシャルの測定は，対象とする部分が必ずしも水溜，ある場合は地下水と平衡している必要はないのである．このような事実に気づいたとき，土中水の研究は大きな進歩を見せた．そして何よりも素焼カップの存在が大きかった．

### 2.1.3　マトリックポテンシャルの測定法

　図2-3は加圧法というマトリックポテンシャルの測定法である．その原理は，図2-1の水面は$-h$というマトリックポテンシャルを持っているので，

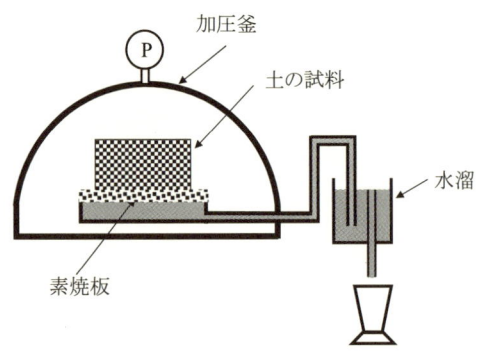

図 2-3　加圧法によるマトリックポテンシャルの測定

毛細管の上端から大きさが $h$ の空気圧を加えることで，高さ $h$ の水は脱水されて $-h+h=0$ と大気圧に等しくなることである．このように圧力をかけてマトリックポテンシャルが測定できることを提唱したのはイギリスのスコフィールドで 1935 年のことであった．加圧法は，空気圧をかけることができる釜と素焼で作った板(素焼板)から構成されている．素焼板は水で飽和されており，底部は水の入ったチューブと水溜を介して大気に開放している．素焼板の上に野外から取ってきた土の試料を載せ圧力を上げていくと，圧力が高まった土中水は素焼板を通して，大気圧の釜の外に排出され始める．この水が出始める圧力にマイナスをつけた値がこの土のマトリックポテンシャルとなる．素焼カップの場合は，土から大気より低い圧力で水を吸い出し，加圧法は圧力をかけて水を押し出すという違いがある．大気圧を基準としたとき，素焼カップは原理的に-1 気圧までしか測定できない．一方，加圧法は素焼の間隙の大きさにもよるが，15 気圧までのマトリックポテンシャルを測定できる．土壌の分野では 1 気圧(約 100 kPa)と 15 気圧(約 1.5 MPa)の素焼板がよく用いられる．

　マトリックポテンシャルの表示は時代とともに変化し，現在は水柱の高さを長さの単位 m で表した水頭と，圧力の単位として標準的に用いられているパスカル(Pa)がよく使われている．本書ではできるだけ m と Pa を用いる．水頭 1 m は 9.8 kPa に相当する．野外における土のマトリック

ポテンシャルの測定には，図 2-4 のように素焼カップと圧力計を組み合わせたテンシオメータが用いられる．最近では，テンシオメータで測定された値を電気信号に変換し長期に記録する，インターネットを介して遠く離れた研究室にいながらその圧力を見るといった周辺機器の発達は非常にめざましいものがある．しかし，野外で

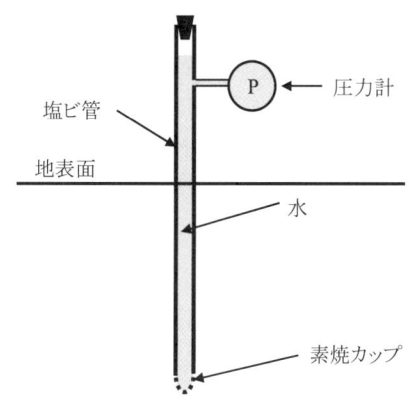

図 2-4　テンシオメータ

マトリックポテンシャルを測定する方法はおおよそ 100 年間テンシオメータ以外にはなく，何も変わっていない．植物が萎れるほどの低水分状態のマトリックポテンシャルを野外で測定することは依然として不可能である．

## 2.1.4　水分特性曲線

　加圧法で圧力を上げていくと土中水は減少していくが，その度合いは土によって異なる．そこで，土にかける圧力とその圧力で保持されている水分量をもとに土の持つ貯水(保水)能力を示したのが水分特性曲線である．畑から採土缶(よく使われるのは，直径 5 cm，高さ 5.1 cm の金属円筒で体積が 100 cm$^3$)に取ってきた土を図 2-3 の素焼板の上に載せる．水溜の水面の位置は，素焼板の上面に設定する．すると，毛管現象により水溜から試料中に水が吸収され，しばらく放置すると吸水は停止する．この状態を毛管飽和という．多くの間隙は水で満たされるが，ミミズの穴のような大きな間隙には水は入っていない．また，吸水の際に追い出されなかった空気も一部残っているので，毛管飽和の体積含水率は間隙率よりも 1 割程度小さくなる．次に，大気圧よりも $h$ cm 高い圧力を圧力釜に加えると排水口から水が出てくる．排水が終了したら試料の質量を測定する．空気圧を徐々に上げながら目標とする圧力まで同様に排水

終了後の質量を測定し，最後に炉乾する．このようにして作用させた空気圧ごとに土が貯留している体積含水率が計算できる．土に作用させたのは空気圧であるが，土から見ると，空気圧と絶対値が同じで符号が異なるマトリックポテンシャルの状態の水分量である．そこで，土の貯水能力をマトリックポテンシャルと体積含水率の関係で示したのが水分特性曲線ということになる．

図2-5に3種類の土の水分特性曲線を示す．縦軸が対数表示になっていることに注目して欲しい．マトリックポテンシャルが低下するにつれ，川砂は毛管飽和から急激に不飽和になり，−100 cmではさらさらとはいえないが，少し湿っているという感じである．これは，砂の間隙径が大きく，なおかつ狭い範囲に入っているためである．灰色低地土下層土と火山灰土作土はマトリックポテンシャルの低下につれ，毛管飽和から徐々に不飽和になるが，それでも−15,000 cm（ほぼ−1.5 MPaに等しい）においてかなりの水を含んでおり，非常に小さな間隙を多く持っていることがわかる．−15,000 cmでは手に土がつくほどではないが，かなり湿っている

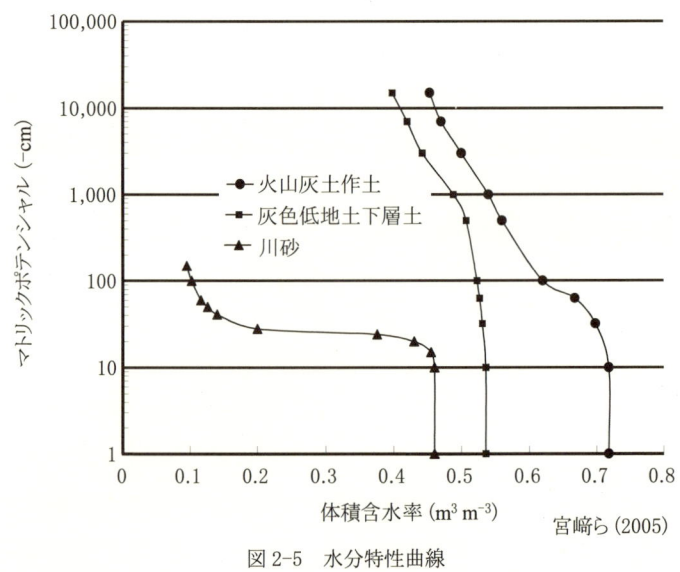

図2-5 水分特性曲線

状態である．火山灰土と灰色低地土の違いは，前者の乾燥密度が小さく間隙率が大きいことである．

　図2-6(a)のように太さの異なる毛細管を数多く立てた場合の，水面からの高さと水の量を考えてみる．水面近くではすべての毛細管に水が入っているが，水面から距離が離れるにつれて太い毛細管から順に水がなくなっていく．そこで，横軸に毛細管に入っている水の量を，縦軸に水面からの高さを取ると，図2-6(b)のような曲線ができる．この曲線は図2-5の-20 cmより小さい砂の水分特性曲線と似たような形をしている．つまり，粒子間にできる間隙径の分布を太さの異なる毛細管で近似させたのである．図2-5の砂がマトリックポテンシャルの低下により急激に不飽和になる理由も図2-6からわかるだろう．このように，砂や土の間隙を太さの異なる毛細管の集合体と見なすことを毛管モデルという．

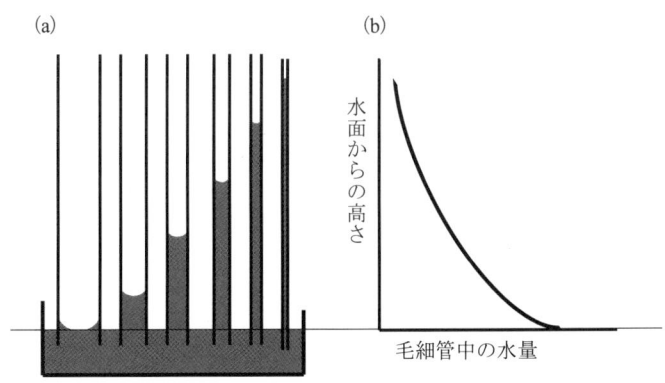

図2-6　毛管モデルと保水

## 2.1.5　植物が吸える水

　植物に水を与えないとやがて枯れてしまうが，植物が土中の水すべてを吸収したわけではない．吸い残した水があることは，植物が枯れた後も植木鉢をしばらく放置しておくと，土中の水が蒸発して軽くなることからわかる．植木鉢に様々な植物を栽培し，灌水後水をやらずに観察してみると，どうもすべての植物が大体同じ含水比で萎れるということに

気がついた人がいた．しかし，土が変われば萎れる含水比は異なった．そこで，植物が萎れる含水比について正確を期すために指標作物としてヒマワリを用いて試験が繰り返された．当時は不飽和土では，土中に貯留されている水の多くは毛管力により土粒子を覆った水膜として存在しており，萎れ含水比ではこの水膜の連続がなくなり，液体の水は流れないという考え方が主流であった．また，水膜に接している根はその水を吸収するので，周囲の平均的な土壌水分よりも低くなると理解していた．1940年代前半には-1.5 MPaのマトリックポテンシャル（当時は-15気圧の毛管ポテンシャルと称していた）の測定器が開発された．そして，植物が萎れてしまい，再び水を与えても生き返らない土の水分状態が-1.5 MPaの含水比に近いことが報告されるようになり，1940年代中頃には-1.5 MPaを永久シオレ点と見なすようになった(Baver, 1956)．しかし，永久シオレ点を-1.5 MPaとしたことで大きな変化が起こった．すなわち，それまでは植物が萎れる含水比は土が違えば当然異なったのであるが，-1.5 MPaが指標となったことで，土の違いによらずに植物の吸水限界がマトリックポテンシャルで決定できることになったことである．なお，-1.5 MPaの水分状態で土中の水が動くことは今ではよく知られていることである．

　植物の根は浸透ポテンシャルを周囲の土のマトリックポテンシャルよりも下げることで水を吸収している．したがって，永久シオレ点とは，根が低下させることができる浸透ポテンシャルの限界が-1.5 MPaと見なすこともできる．そこで，-1.5 MPaの水ポテンシャルとは食塩水の濃度としてどのくらいかを試算してみよう．浸透圧を求めるファントホッフの法則から，食塩水の濃度は 0.3 mol L$^{-1}$ となる．生理食塩水の濃度は約 0.15 mol L$^{-1}$ であり，海水の濃度は約 0.6 mol L$^{-1}$ である．生理食塩水を入れた花瓶に切り花を挿しても枯れないが，海水の入った花瓶で植物を観賞することはできない．実際には，吸水阻害ばかりでなく，ナトリウムによる生理的な障害もあるだろう．地表面に塩が吹き出しているような塩害地ではもちろん植物は育たない．

## 2.2 土中水の移動

### 2.2.1 ダルシーの法則

　第1章および土の保水で説明してきたように，土の水分状態には間隙が水で満たされた飽和と間隙に水と空気が混在する不飽和とがある．そして土中水の運動の理解は，間隙が水で飽和した飽和流から始まった．フランスの水道技術者ダルシーは砂を使って上水の濾過の仕事をしており，1856年にダルシーの法則といわれる式を発表した．図2-7のように，断面積が $S$ の土のカラム上端の水深を一定にし，下端を一定の水位の水溜に入れる．このとき，水が流れることは直感でわかるが，水移動を起こす駆動力と，水移動の速さはどのように表せるのだろうか．試料の上端Aと下端Bの全ポテンシャルを求めてみよう．全ポテンシャルは圧力ポテンシャルと位置ポテンシャルの和で与えられる．そこで，水溜の底を位置ポテンシャルの基準とし（実際には位置ポテンシャルの基準はどこにとってもよい），上向きの方向を正とすると，図2-7に示すように，A，B点の全ポテンシャル $H$ は位置ポテンシャル（$z$）と圧力ポテンシャル（$h$）の和として，次のように表される．

$$H_A = z_A + h_A$$
$$H_B = z_B + h_B$$

また，図2-7からわかるように，水移動の駆動力は上の水面と下の水面の落差となるが，これが全ポテンシャル差 $H_A - H_B$ となっている．水移動の場合にはポテンシャルを水頭で表すことが一般的である．また，試料は水で

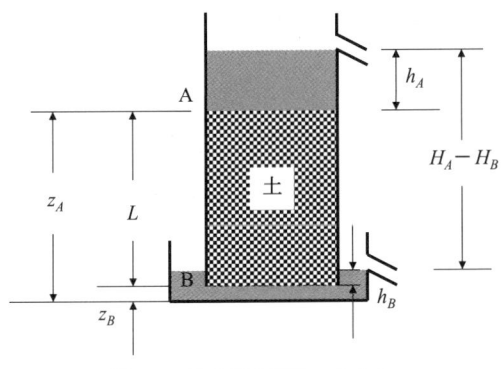

図2-7　飽和透水係数の求め方

飽和されており，すべての点で水圧は大気圧よりも大きい．このことは試料の側面に穴を開けると，水が流れ出てくることから確かめられる．したがって，土中ではマトリックポテンシャルは存在しない．下端 B から t 時間に流れ出る水量を $Q$ とすると，ダルシーは土中の水の流れは次の式で表されることを明らかにした．

$$\frac{Q}{St} = q = k\frac{H_A - H_B}{L} \qquad (2.1)$$

ここで，$L$ は点 A，B の距離，すなわち試料の長さであり，$q$ は単位時間，単位面積当たりの流量($m^3 m^{-2} s^{-1} = m s^{-1}$)で流束(flux)という．流速(velocity)といわない理由は，水の流れている間隙の面積で除するのではなく，固相を含めた土の断面積で除しているためである．流束よりもフラックスの方がよく使われるので，これからはフラックスと表現することにする．また，右辺第 1 項の $k$ は比例定数であり飽和透水係数と呼ばれている．右辺第 2 項は単位試料長当たりの全ポテンシャル差であり，動水勾配という無次元数である．そして，(2.1)式はダルシーの法則と呼ばれている．

ダルシーの法則は表2-1に示すように電気分野で使われるオームの法則，熱の伝導を表すフーリエの法則，拡散現象を表すフィックの法則と類似点を持っているため，直感的にも理解しやすい法則である．

表2-1 ダルシーの法則と他の法則の類似性

| 法則名 | 移動主体 | 係数 | 勾配 |
|---|---|---|---|
| ダルシー | 水 | 透水係数 | 圧力差 |
| オーム | 電荷 | 電気伝導度 | 電圧差 |
| フーリエ | 熱 | 熱伝導率 | 温度差 |
| フィック | 分子 | 拡散係数 | 濃度差 |

電気伝導度の逆数が抵抗になる

## 2.2.2 飽和透水係数の性質

飽和透水係数の測定法はいくつかあり，図2-7も室内で飽和透水係数を求める場合に使われる1つの方法である．図2-7の場合にはある時間内に

試料から出てくる水の量を測定すれば, (2.1)式によって飽和透水係数を求めることができる. 私たちは, 直感的に砂は土よりも水をよく通すことを知っている. それを定量的に表したのが飽和透水係数であり, その単位はフラックスと同じで cm s$^{-1}$ で表すことが多い. 砂の飽和透水係数は $10^{-2}$ cm s$^{-1}$ のオーダー(オーダーとはいわゆる桁を表し, $-2$ のオーダーは $1\times10^{-2}\sim9\times10^{-2}$ cm s$^{-1}$ の範囲にあることをいう)であり, 排水不良畑の作土を採取して飽和透水係数を測定すると, その値は $10^{-6}$ cm s$^{-1}$ のオーダーであることもめずらしくない. 1日当たりに直せば, 砂は約 10 m, 排水不良畑は 1 mm であり, 土によって値が大きく異なることがわかる. 飽和透水係数の大小は, 一般に土性よりも土の間隙の大きさとその連続性の影響を強く受ける. 同じ土でも圧縮し, 間隙径を小さくすれば飽和透水係数は小さくなる.

### 2.2.3 不飽和の水の流れ

降雨強度が小さいと, すべての雨は土にしみ込まれていく. このような水の流れは, 間隙の一部に空気を残した状態で生じる不飽和流である. 土壌面蒸発により土が乾いていく過程の水移動も不飽和流である. このように考えると, 私たちが身近に感じる土中の水移動はほとんど不飽和状態で生じている. 飽和の水移動となると, 水を張った田んぼの代掻き層の水移動や地下水の流れくらいであろう. 不飽和の水移動を記述するためには不飽和の状態が先に記述されなければならない. そのためには, 保水の項で説明したマトリックポテンシャルを用いる. バッキンガムは 1907 年に, 不飽和の土中で水移動が生じるためにはマトリックポテンシャル(当時は毛管ポテンシャル)と位置ポテンシャルの和が場所により異なると考え, 不飽和の水移動式を表した. その形はダルシー式と同様であるが, 透水係数ではなく, 毛管伝導度という用語を用いており, それは土の水分量の関数であると指摘している. 固体の熱伝導率は温度によらずに一定であるのに対し, 毛管伝導度は水分に依存する点が大きな発見である. 当時は不飽和流の測定法も発達していなかったので, バッキンガム

の業績は深い洞察力に基づき不飽和水移動の概念を確立したということになろう．約4半世紀後の1931年に同じくアメリカのリチャーズが不飽和のダルシー式を表した．彼は，飽和では土粒子は水移動に関与しないのと同様に不飽和では空気も土粒子と同じように扱うことでダルシー式が拡張できると考えた．土中で距離が$L$のA点からB点に向かって不飽和状態で水が流れているとすると，A，B点の全ポテンシャル($\Phi$)はマトリックポテンシャル($\phi$)と位置ポテンシャル($z$)の和として，次のように表せる．

$\Phi_A = \phi_A + z_A$

$\Phi_B = \phi_B + z_B$

そして不飽和のダルシー式は次のようになる．

$$q = k(\phi)\frac{\Phi_A - \Phi_B}{L} \qquad (2.2)$$

$k(\phi)$は不飽和透水係数でマトリックポテンシャル$\phi$の関数であることを示す．不飽和透水係数は体積含水率の関数と考えてもよい．今では，(2.2)式をバッキンガム・ダルシー式と呼ぶことが多い．

　透水係数は飽和状態で最も大きく，土が乾燥する(土壌水分が減少する)につれて大きく低下していく．図2-6の毛管モデルによれば，マトリックポテンシャルが大きくて土壌水分が多いときは太い毛管が多くの水を流す．しかし，マトリックポテンシャルが小さくなるにつれ，水が流れる毛管径は小さくなり，流量が大きく減少することになる．ダルシーと同時代にフランスのポアズイユ(1840)は円管の流量は管径の4乗に比例することを明らかにしている．土の持つ物理的性質の中で，透水係数ほど大きく変化する性質もめずらしい．例えば，飽和では$10^{-3}$ cm s$^{-1}$であった土でも，永久シオレ点付近の水分では$10^{-11}$ cm s$^{-1}$と1億分の1まで透水係数は低下する．$10^{-3}$ cm s$^{-1}$という大きさは，1時間に数十mmの降雨があっても，地表面に水が溜まらずにしみ込む．一方，$10^{-11}$ cm s$^{-1}$という非常に小さな値でも，多くの根が発達している作土では，土中水に大きな

マトリックポテンシャル勾配が働けば，水は mm 単位の移動で根に吸収されるため，無視できるような小さな値でもない．

　不飽和透水係数の測定法はいくつか提案されているが，広範囲のマトリックポテンシャルまたは体積含水率にわたって不飽和透水係数を求める方法はない．特に，小さなマトリックポテンシャルの不飽和透水係数を正確に測るのは極めて難しい．図 2-8 に飽和近傍から $-10\,\mathrm{kPa}$ 程度までの比較的湿潤な領域の不飽和透水係数を示す．川砂は，飽和透水係数は大きいけれど，マトリックポテンシャルの低下によって多量の水が脱水され，不飽和透水係数は急激に小さくなる．一方，畑から採取した火山灰土下層土では，飽和透水係数が $10^{-3}\,\mathrm{cm\,s^{-1}}$ と大きく，$-10\,\mathrm{kPa}$ でも透水係数は $10^{-6}\,\mathrm{cm\,s^{-1}}$ を維持している．水田から採取した粘土分の多い灰色低地土下層土は飽和近傍ですでに透水係数は大変小さいが，不飽和になると急激に透水係数が低下する．なお，砂と火山灰土の不飽和透水係数は採取場所の違いによらず似た傾向を示すが，灰色低地土では間隙の大きさとその連続性の違いによりにより，不飽和透水係数が図のように急激に低下しない土もある．自然界で起きる大半の水移動が不飽和であるにもかかわらず，容易な測定法がないため大学教育においても実験が

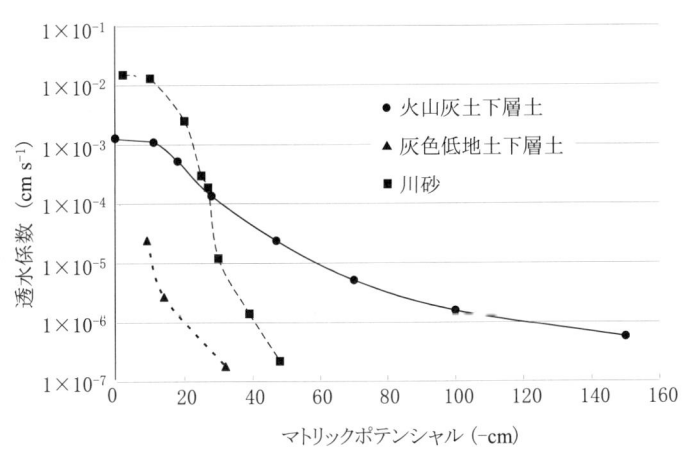

図 2-8　不飽和透水係数とマトリックポテンシャルの関係

できずに定性的な説明で終わってしまうことが多く，土の面白さを引き出せないでいる．なお，透水係数とは飽和，不飽和を含めて使われることもあるが，対象としている水移動が飽和か不飽和かはっきりしている場合には飽和，不飽和を省略して透水係数ということが多い．

### 2.2.4 浸入現象

乾いた土に水が入っていく現象を浸入現象または浸潤現象という．雨の強さが変化しない場合でも，最初は土にすべてしみ込んでいた雨が，しばらくするとしみ込めなくなり，地表面を流れ出すことがある．土に水がしみ込む速さを表す浸入強度(フラックスであり，単位は雨と同じように $mm\ h^{-1}$ と考えてよい)の低下には2つの要因が関係している．1つは浸入の駆動力の低下であり，もう1つは地表近くの土の透水性の低下である．まず第1の要因から説明しよう．乾いた土が水を吸うことは誰しも実感している．この水を吸う駆動力はマトリックポテンシャルである．浸入現象は図2-9のように，近似的に水がしみ込んだ部分は飽和($\theta_s$)でその先は不連続的に初期水分($\theta_i$)となることが実験的に確かめられている．この乾湿の不連続面である浸入前線にマトリックポテンシャル$-h_c$が働く．そこで，地表面と浸入前線との間にダルシー式を適用して浸入強度を考えてみよう．地表面の位置ポテンシャルをゼロとする．また，地表面には雨により薄い湛水が生じているだけなので，圧力ポテンシャル

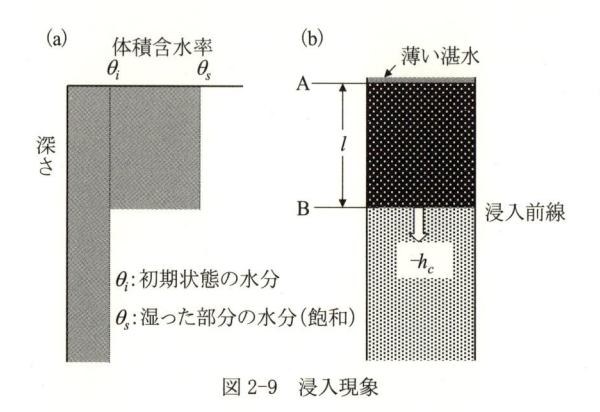

図2-9 浸入現象

は無視できる．すると，地表面 A は位置，圧力ポテンシャルともゼロであり，浸入前線 B では，地表面からの距離を $l$ とすると，位置ポテンシャルが $-l$，マトリックポテンシャルが $-h_c$ となる．したがって，A と B にダルシー式を適用すると，次のように表される．

$$i = k\frac{H_A - H_B}{l} = k\frac{l + h_c}{l} = k\left(\frac{h_c}{l} + 1\right) \quad (2.3)$$

ここで，$i$ は浸入強度であり，$k$ はこの土の飽和透水係数である．この式からわかることは，雨の降り始めで浸入距離が短いときは $h_c/l$ の影響が強いため浸入強度が大きいこと，浸入距離が長くなると $h_c/l$ の影響は小さくなり，最終的には浸入強度は飽和透水係数に等しくなることである．図 2-10 はこの様子を模式的に示している．このように，浸入強度が時間とともに小さくなっていくため，雨の降り始めにはしみ込んでいた雨が途中からしみ込めなくなるのである．これが第 1 の要因である．

もう 1 つの要因である地表近くの土の透水性の低下は，雨滴が地表面を直接叩くことで地表面近くの土塊が崩壊し，細かくなった土塊が水の通り道である間隙を埋めていくことで，厚さ数 mm 未満の透水性の悪い薄い層であるクラストが形成されることにより生じる．そのため，クラストが浸入強度を制限することになる．

以上の 2 つの要因による浸入強度の低下は農地における土壌と水の管理に大きな影響を与える．畑地灌漑の灌水強度が大きいと，初期は供給した水の全量がしみ込んでも，途中からしみ込めなくなった水が地表面を流れてしまい，水の無駄使いとなる．また，浸入強度を上回った降雨は地表面を流れることになり土壌侵食の引き金になる．なお，第 2 の要因による浸入強度の低下は，地表面を

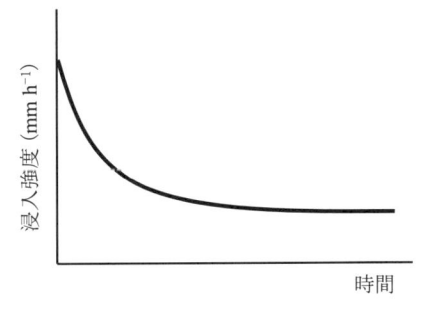

図 2-10 浸入時間と浸入強度の関係

植生で覆っておくことにより防止することができる．なお，降雨強度が飽和透水係数よりも小さく，クラストが形成されないならば，雨は全量土にしみ込むことはいうまでもない．

## 2.2.5 選択的な水移動

　土は土粒子と間隙に分けることができる．土を微視的に見ると，間隙か土粒子かのいずれかになってしまう．しかしスケールを少し大きくすると，間隙と土粒子が均質に混ざり合った多孔質体と見なすことができる．この均質に混じり合った多孔質体をマトリックスという．飽和，不飽和のダルシー式はこの水移動を対象としており，マトリックス流という．一方では，このマトリックスを貫通するような根穴や乾燥亀裂などの粗間隙(マクロポア)が存在することも多い．このような土では，水の移動はマトリックスよりも粗間隙を選択的に流れることがある．マトリックスを迂回する流れであるので，バイパス流といわれる．粗間隙の大きさについては明確な基準はないが，大体1mmよりも大きいと考えてよい．バイパス流が生じるのは図2-11のように，降雨強度($i_r$)がマトリックスの浸入強度($i_m$)を上回ったときであり，豪雨や春先の融雪のようなときにはバイパス流が起きることがある．一方，降雨強度の弱い雨や土壌面蒸発に伴う上向きの水移動ではバイパス流は生じない．山道を歩いていると，普段は水が出ていないのに，雨が降ってしばらくの間は斜面から局所的に

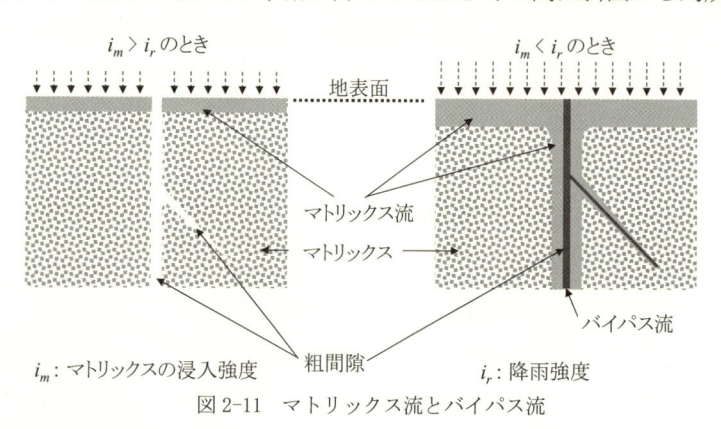

図2-11　マトリックス流とバイパス流

水が流れ出ていることがある．これもバイパス流と考えてよい．このように考えると，自然界ではむしろマトリックス流のみということよりもバイパス流を伴う流れの方が多いと考えられる．しかし，土の内部で連続する粗間隙がどのように発達しているかが未知であるため，バイパス流を伴う水移動の実態を明らかにすることやダルシー式のように定量的に表すことが難しい．現在の土壌物理学に残された大きな課題となっている．

土の中にはアリの作った巣穴がある．大雨のとき，この巣穴は水浸しになってしまわないのだろうか．穴の直径が 3 mm とするとマトリックポテンシャルが -1 cm よりも小さければ（より乾燥側であれば）巣穴の中に水は入らずにバイパス流は生じない．浸入現象で述べたように，雨に打たれる地表面の透水係数が小さいため，地表面を水が流れ出すような豪雨でも，地表面より下では不飽和で水が流れている．アリの巣穴が存在し続けるということは，少なくともマトリックポテンシャルは -1 cm よりも小さいはずである．さらに，地表面の凸部に巣穴の出入り口があれば，たまたま巣穴に直接入った雨水はすぐに周りの土（マトリックス）に吸収されてしまうのだろう．したがって，アリは雨の日は安心して休んでいることができる．ただし，雨により地下水位が地表近くまで上昇してしまう場所では，アリの巣穴は当然浸水することになる．毎年のようにアリを見かけるが，何年かに 1 度は水没して全滅してしまうアリの集団があるのかもしれない．大きな間隙を水が流れない，すなわちバイパス流が生じていないということは，第 3 章で述べるように，アリの巣穴には大気から十分に酸素が供給されていることを意味する．

---

雨が降って土が湿る，晴れが続いて土が乾くというように，土と水の関係は私たちにとって一番なじみが深い．土の物理現象を理解するには，土の化学と違い，少数の基礎を理解すればよい．それは保水ではマトリックポテンシャルの概念であり，水移動ではダルシーの式である．これらは，農地を対象とした排水や灌漑においても必ず必要とされる．

## コラム：ミズゴケの水分状態を測る

　ミズゴケが主体の高層湿原においてはササの侵入により湿原植生が縮小している場所がある．その原因として地下水位の低下によるササの侵入が指摘されてきた．この問題から派生して，ミズゴケは地下水位が低下すると水不足になるのだろうかという疑問が生じた．普通の植物では葉の水ポテンシャルの値によって水不足かどうかを判定できる．そこで，ミズゴケの水不足の判定はどのようにすれば測定できるかを考えた．空気圧を測定するハンディなマノメータがあったので，テンシオメータの原理を応用して，写真のように，底面にガラスフィルターをつけた水溜を作り，ミズゴケの上に置いてみた．すると，例えば，地下水位がミズゴケ表面から 30 cm 程度ならば，ミズゴケの表面のマトリックポテンシャルは-30 cm となって地下水位と平衡していた．真夏に日照りが続くとき，ミズゴケは褐変するが，このときの地下水位とミズゴケ表面のマトリックポテンシャルはどうなるか，疑問を持ちながらも測定する機会はなかった．

# 第3章　ガスの貯留と移動

　土壌空気の研究は，畑作物の根が窒息しないためにはどのくらい気相率を上げればよいかといった排水の問題の基礎分野として発展してきた．そのため，大気と土壌空気とのガス交換や根の呼吸についての研究が長い間主要なテーマであり，土中の水や溶質の研究に比べて研究者数が少ない小さな分野であった．ところが地球温暖化の原因物質の1つとされる二酸化炭素が農地から出ており，その量は土地利用の仕方によっても異なるということがわかるにつれ，1990年代以降，二酸化炭素，メタン，一酸化二窒素などの温室効果ガスと土との関係が非常に注目されるようになった．いわば，今流行の分野である．

## 3.1　土に含まれるガスの成分と濃度

　土壌空気の成分は，大気とほぼ同じであり (表 3-1)，大きく異なるのは二酸化炭素である．大気中の二酸化炭素濃度は近年増加したといっても2005年時点で0.0379%(379ppm, ppmという単位は$10^{-6}$を意味する)程度である．これに比べると，土中の二酸化炭素濃度ははるかに大きい．土中の二酸化炭素は植物の根呼吸と微生物呼吸(両者の和を土壌呼吸という)により発生する．関東ロームのような火山灰土畑の作土では，二酸化炭素濃度は0.1%のオーダーであり1%を超えることは通常ないのに対し，泥炭土畑の作土では二酸化炭素濃度は1%のオーダーが多く，時には10%を超える

表3-1　土壌中と大気中のガス組成

|  | 土壌中 | 大気中 |
|---|---|---|
| 窒　素 | 75-90 | 78 |
| 酸　素 | 2-21 | 21 |
| 二酸化炭素 | 0.1-10 | 0.04 |
| アルゴン | 0.93-1.1 | 0.9 |
| メタン | 0-5 | 0 |
| 一酸化二窒素 | 0-0.1 | 0 |

数値は体積%

こともある.土壌呼吸では酸素分子を消費して二酸化炭素が発生することが大部分であるので,二酸化炭素濃度が高い土では酸素濃度は低くなる.

## 3.2 土と大気とのガス交換

### 3.2.1 二酸化炭素の放出速度

　地表面から放出または地中に吸収されるガスの測定法で一番わかりやすいのは,図3-1のように地表面に箱(チャンバーという)をかぶせ,箱の内部のガス濃度を測定するチャンバー法である.箱をかぶせた時点では,箱の内部のガス濃度は大気に等しいので,初期のガス放出速度は大気への放出速度に等しい.箱の中のガス濃度が高まるにつれて,次第に箱の中への放出速度が落ちることになる.そこで,初期の大気への放出速度と見なせる2つの時刻において箱内のガスを採気部から注射筒で採気し,その濃度をガスクロマトグラフなどにより求め,2時刻のガス濃度差によりガス放出(吸収)速度を求める.1つの例を示そう.北海道の美唄市にある夏の泥炭土畑において,作物を植えない状態で測定した二酸化炭素の放出速度である.したがって,二酸化炭素を放出しているのは土壌微生物の呼吸である.

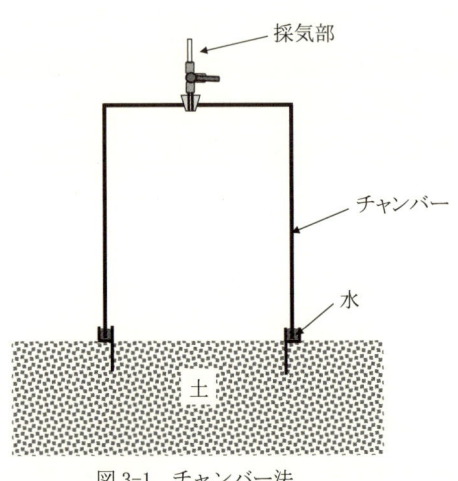

図3-1 チャンバー法

底面積が 30 cm×30 cm，高さも 30 cm の箱を地表面に設置し，箱の中の二酸化炭素濃度を測定した．測定開始 0 分の濃度が 387 ppm，開始 6 分後の濃度は 535 ppm であった．この畑のガス放出速度は次のようにして求まる．

$$\frac{(535-387)\times 10^{-6}\times 0.3\times 0.3\times 0.3}{0.3\times 0.3\times 6\times 60} = 1.233\times 10^{-7} \text{ m}^3 \text{ m}^{-2} \text{ s}^{-1} = 10.66 \text{ L m}^{-2} \text{ d}^{-1}$$
$$= 20.9 \text{ g CO}_2 \text{ m}^{-2} \text{ d}^{-1}$$

左辺の分母は 1 秒当たりに 1 m$^2$ の地表面を対象にしていることを示す．したがって，放出速度はフラックスである．分子は 6 分間に箱の内部に入ってきた二酸化炭素の体積を表す．最後には体積を 22.4 L で除してモル数を求め，1 モルの二酸化炭素は 44 g であるという換算を行って，1 日に 1 m$^2$ の農地から放出される二酸化炭素を質量で表している．この計算は大まかであって，正確な値を得るには濃度測定時間の妥当性の検討，温度補正などが必要とされる．作物が栽培されていない畑で 1 日 20 g もの二酸化炭素が出るのは，有機物でできた泥炭土畑ということに由来する．火山灰土である関東ロームのダイズ畑における測定では，夏の生育が盛んな開花時期の二酸化炭素放出量が約 20 g CO$_2$ m$^{-2}$ d$^{-1}$ であった．人が呼吸により放出する二酸化炭素は 1 日約 900 g といわれる．60 坪 (200 m$^2$) の土地に住む家族 4 人が呼吸で吐き出す二酸化炭素量 (3,600 g) と，真夏に 60 坪の畑から放出される二酸化炭素の量 (4,000 g) は同程度ということになる．一方，0 ℃近くになる真冬では，畑からの二酸化炭素放出量は非常に少ない．

### 3.2.2　ガス交換のメカニズム

　水道の蛇口から激しく流れている水を両側から指で挟むと，指が水に吸い込まれるように引っ張られることを経験する．指を地表面，風を水道から出る水と見なすと，強い風が吹くと土中の空気は大気に吸い出され，風が止めば大気から土中へ空気が入ることになり，土壌空気が一方的に大気に放出し続けることはない．そして，地表が植物で覆われてしまうと，

その中にはほとんど風がこないことを，丈の高いヒマワリやトウモロコシの畑に入ったことのある人は実感している．また，雨が浸入すれば土中の空気は追い出され，排水が進めば大気から空気が入るし，低気圧がくれば土から空気が吸い出され，地温の上昇が気温よりも大きければ膨張した空気が土から出てくる．しかしながら，土壌空気と大気との圧力差によるこのようなガス交換は，次に述べる拡散現象によるガス交換に比べて少ない．

　前述のチャンバー法でガスの放出速度を求めたとき，大気，箱の中そして土中の気圧は同一と見なせるため，圧力差によりガスが出てきたのではない．箱の中のガス濃度が高まったのは，濃度の高い土中から濃度の薄い箱の中へガスが移動したためである．このような物質の移動を拡散といい，土壌空気と大気とのガス交換の主要なメカニズムとなっている．土中で単位時間に単位面積を通過するガスの質量，すなわちガスフラックス($J_g$)は，次式に示すように土中のガス拡散係数($D_{gs}$)とガス濃度勾配の積で与えられる．

$$J_g = D_{gs} \frac{C_A - C_B}{l} \qquad (3.1)$$

ここで，$C_A$，$C_B$は土中で距離が$l$離れたA，B点のガス濃度($C_A > C_B$)である．この式はフィック(1855)により導かれフィックの法則として，表2-1のように移動現象をつかさどる主要な法則の1つである．

　町工場の煙突から出る煙は，風が吹かなくても煙突からの距離が離れるにつれ薄くなっていくのは誰しも見ているが，これも拡散現象である．ガスは大気中では障害物がないので自由に拡散できるが，土中では空気で満たされている気相中に限られる．気相の量とその連続性は気相率(体積含水率)によって変化するので，図3-2のような装置を用いて土中におけるガスの拡散のしやすさ，すなわちガス拡散係数が測定される．最初に拡散室の空気を窒素ガスで置換し，酸素濃度をゼロにしておく．次いで拡散室と試料の隙間に入れた隔壁を横方向に引き抜くと，酸素が試料下端から

土中を通り拡散室に拡散してくるので，酸素濃度の時間変化を酸素センサーで測定する．酸素濃度と時間の関係を拡散現象の理論式に代入してガス拡散係数を求める．土の水分が多ければ酸素濃度が上昇するのに時間がかかるということは直感的に理解できるだろう．また，短時間の測定のため，微生物呼吸による酸素の消費は無視している．

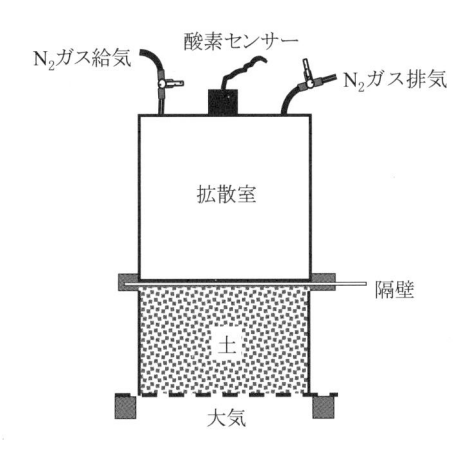

図 3-2　ガス拡散測定装置

土壌水分を飽和から徐々に下げて同じ測定を繰り返すと，気相率とガス拡散係数との関係が得られる．通常，土中のガス拡散係数は空気中のガス拡散係数との比である相対ガス拡散係数で表すことが多い．ちなみに，標準状態における大気中の二酸化炭素のガス拡散係数は $0.135\ cm^2\ s^{-1}$ である．図 3-3 に火山灰土畑作土と泥炭土(高位泥炭土)畑作土の相対ガス拡散係数の例を示す．火山灰土では気相が連続するにつれてガス拡散係数は急速に大きくなる．一方泥炭土では気相率が増加してもガス拡散係数は

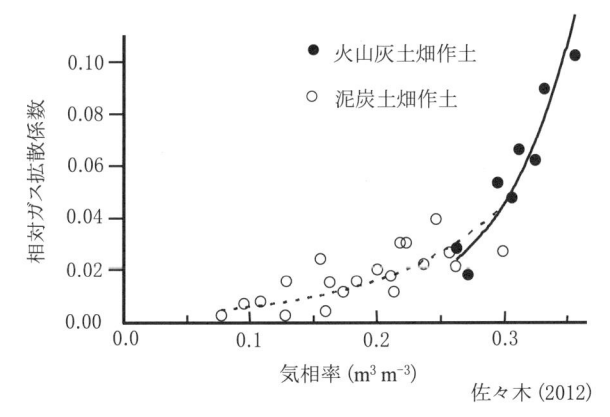

佐々木 (2012)

図 3-3　土壌のガス拡散係数の特徴

火山灰のようには大きくならないという特徴がある．ここで，火山灰土が泥炭土に比べて相対ガス拡散係数の値が大きいのは，実際の畑で卓越する気相率をもとにガス拡散係数を求めたためである．つまり，泥炭土では常に地下水位が高く気相率が小さいので，ガス拡散係数の値が小さいということである．

最後に例題を示そう．地下水位が 25 cm と浅い泥炭の畑の深さ 1.5 cm と 4.0 cm で測定した二酸化炭素濃度は 0.59% と 3.05% であった．また，気相率は 0.13 m³ m⁻³ であった．大気中の二酸化炭素のガス拡散係数を 0.15 cm² s⁻¹ とすると，拡散による上向きの二酸化炭素フラックスは次のようになる．図 3-3 から，泥炭の相対ガス拡散係数は 0.008 なので，土中のガス拡散係数は $0.008 \times 0.15 \times 10^{-4} = 1.2 \times 10^{-7}$ m² s⁻¹，濃度勾配は，

$$\frac{(3.05 - 0.59) \times 10^{-2}}{0.025} \times \frac{44}{22.4} = 1.93 \, \text{kg} \, CO_2 \, m^{-4}$$

となる．44/22.4 によって二酸化炭素の体積を質量に換算している．拡散による二酸化炭素フラックスはしたがって，

$$J_g = 1.2 \times 10^{-7} \times 1.93 \, \text{kg} \, CO_2 \, m^{-2} \, s^{-1} = 20.0 \, g \, CO_2 \, m^{-2} \, d^{-1}$$

となる．正確な計算には，拡散係数の温度補正などが必要とされる．

## 3.3 根呼吸と微生物呼吸

### 3.3.1 根呼吸

作物の生育不良は水はけの悪い畑でしばしば観察される．これを湿害というが，その原因の1つは根呼吸が妨げられるからである．空気が多ければ大気とのガス交換により根に十分酸素を送り込めるため，気相率で根の発達を判断する研究が行われた．図 3-4 は，含水比の異なる土を小さな容器に詰め，コムギと水稲の種を播いてから 7～10 日後の全根長を気相率との関係で表している．根の発達が阻害されない気相率はコムギでは 20% 以上必要なのに対し，水稲は 10% である．湛水で栽培するイネも幼植物では土壌空気を必要とすることがわかる．同様の試験から，

畑作物の多くは15〜20％以上の気相率が必要とされるという結果が得られている．一方では，気相率ではなく酸素濃度に着目した研究も見られる．土中の酸素濃度を2, 5, 10, 20％に保ってポットで作物を1ヶ月生育させた研究が報告されている．それによると，トマトは2％では著しく生育が悪くなったのに対し，ナスとキュウリは低濃度でもかなり生育した．さらに，濃度が10％あればトマトも正常に生育すると報告されている

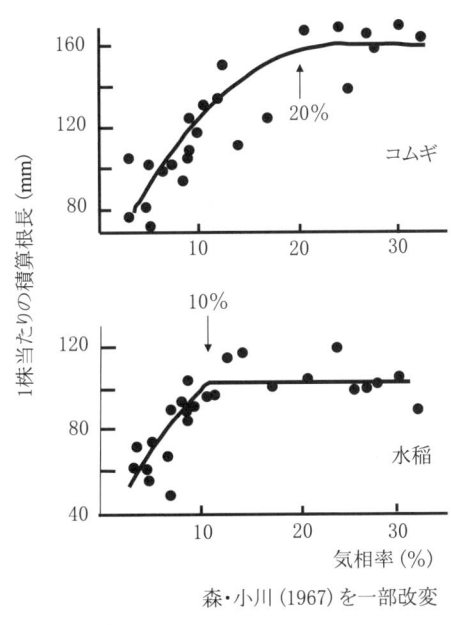

図 3-4 気相率と根の伸長
森・小川(1967)を一部改変

(位田藤, 1963)．人は酸素濃度が18％を切ると酸素欠乏症になるのに比べ，植物はかなりの低酸素濃度でも生育できるようである．気相率や酸素濃度を変えて作物の生育を調べたこれらの試験は，わが国で土壌物理研究が本格的に始まって10年も経っていない1960年代に行われている．

　前述のガス拡散係数が小さいと，根の近くまで酸素が行き届かず微生物呼吸により酸素濃度も低くなる．そのため，作物の生育が阻害される限界値として相対ガス拡散係数が0.02あるいは0.005という値が出されている．これらの限界値の気相率は図3-3からもわかるように，土によって異なる．したがって，根や地上部の生育を土の気相率で判断することはあまり科学的ではない．この点については第8章の暗渠排水のところで再度触れることにする．ガス拡散係数は気相中のガス拡散を対象にしているが，水耕栽培においても溶存酸素が十分あればほとんどの植物は生育する．そして実際の土では，根と微生物が酸素を巡って競合するし，

微生物には低酸素濃度でも生存できる種類もあり，根にとって有害な物質も生成される．土中の水が不足する干害に対して，通気が不良となる湿害は，このようにいくつかの要素が重なり合って複雑であり，酸素濃度や土壌ガス拡散係数で単純に決められるものではないというのが実態であろう．

### 3.3.2 微生物呼吸

微生物活動には適温があり，25〜40℃の間で最高となり，それよりも高温や低温では呼吸速度は低下する(西尾，1989)．さらに，土壌微生物の活動にとっては適当な土壌水分が存在する．多くの土で，圃場容水量(第9章参照)の60〜80％程度の水分状態で微生物呼吸が活発で，それよりも乾燥側や湿潤側では呼吸は小さくなる．作物の干害，湿害に似ている．真夏の裸地の地表面は50℃を超え，微生物呼吸速度は小さいが，そこに雨が降ると，地表面は冷えて微生物呼吸速度が一気に高まる．

土中の微生物は酸素が十分にあるときは，人と同じように酸素呼吸をする微生物が優勢である．しかし，湛水条件下の水田のように土中の酸素が消費され大気から酸素が入ってこないと酸素不足の還元状態になる．しかし，このような状態でも土中の酸素分子に頼らないで呼吸を行う微生物がいる．土中には硝酸塩($NO_3^-$)の形で窒素が存在するが，還元状態に置かれたとき，硝酸塩の酸素を呼吸に使う細菌(脱窒菌)が活躍する．この過程で窒素ガスや一酸化二窒素が発生する．また，強い還元状態の沼地や排水不良の水田では二酸化炭素の酸素を消費する細菌(メタン生成菌)がいてメタンが発生する．一方，森林のA層や畑作土のメタン濃度は大気よりも低いので，メタンを吸収する細菌(メタン酸化菌)が働いていることが知られている．農地からのメタンや一酸化二窒素の発生量は二酸化炭素に比べて少ないが，温暖化に与える影響は，メタンは二酸化炭素の約30倍，一酸化二窒素は二酸化炭素の約300倍であるため，地球温暖化との関連で盛んに研究が行われている．

### 3.3.3 土壌は二酸化炭素の放出源か

地球上の炭素は地殻中に石灰岩($CaCO_3$)として存在する量が最大で、次いで化石燃料である。土壌は3番目に大きな炭素の貯蔵庫であり、その質量は約 1,500 Gt (1 Gt = $10^9$ t) あり、大気中の約2倍、陸上植物が固定している炭素の約3倍といわれる。つまり、土壌は陸域生態系最大の炭素貯蔵庫である。畑から二酸化炭素が放出されるという報告が多いが、畑になる前の原植生のときは二酸化炭素を放出してきたのだろうか。時間スケールにもよるが、長い間大気中の二酸化炭素濃度は一定であった。このことは、地球上では二酸化炭素の吸収と放出は均衡が取れていたということができる。農耕文化が始まる以前の日本列島は森林で覆われていた。そして落葉・落枝および根の分解に伴って発生する二酸化炭素の量と森林が地上部と土中に固定する二酸化炭素の量は等しく、森林は二酸化炭素の放出源でも吸収源でもなかったはずである。アマゾンの森林を伐採すれば、木は朽ち、土壌は太陽にさらされて二酸化炭素を放出するが、森林のままであれば、二酸化炭素を放出もしなければ吸収もしない。一方、湿原ができるのは植物の分解を植物遺体の生成が上回ったため、沼が植物遺体で覆われて湿原が誕生した。つまり、分解により湿原土中からは二酸化炭素は放出されてはいたが、それよりも植生による二酸化炭素の固定(炭酸同化作用)の方が大きかったと理解することができる。森林を伐採して農地にする、湿原を排水して農地にするといった人為は、今までに土に蓄えられてきた有機物の分解を促進し二酸化炭素を放出に転じさせている。産業革命以降、大気に蓄積した二酸化炭素の1/3は土壌有機物の分解に由来するといわれている。

畑作に伴う温室効果ガスの放出例(古賀, 2007)を示そう。十勝地方は火山灰土に覆われ、わが国有数の畑作物生産地域である。収穫後にプラウ耕起を行い、収穫残渣を土中に鋤込むといった一般的な農地管理を20年間続けた結果、深さ20 cmまでの土壌から1 ha当たり毎年4.91 t(1日1 $m^2$当たりに換算すると、1.35 $g CO_2 m^{-2} d^{-1}$)の二酸化炭素が放出されたという。

十勝地方では1戸当たり農地面積が40 ha(ちなみに北海道を除くわが国の平均は1.4 ha)あり，秋まきコムギ，テンサイ，アズキ，バレイショの4年輪作の畑作を行っている．このように大規模に農業を行う場合，生産資材の製造や輸送で年間1 ha当たり1〜2 tの二酸化炭素を放出し，トラクター作業やコムギの乾燥などにより畑作の現場で0.5〜1 tの二酸化炭素を放出した．これらの化石燃料の消費に伴う二酸化炭素放出量に比べて土壌呼吸として出てくる二酸化炭素量は大変多いことがわかる．このため，土からの二酸化炭素を抑制する栽培技術や，あわよくば土中に炭素を隔離し蓄積することができないかという試みが行われている．また，十勝の畑の例では，数値的には小さいが土壌はメタンガスを吸収し，一酸化二窒素の放出が温暖化に与える影響は二酸化炭素放出量の約1割以下であった．なお，わが国の農耕地全体では，土壌炭素量はほぼ一定であるといわれており，十勝のように二酸化炭素の放出源にはなっていないようである．以上は，土が二酸化炭素の吸収源か放出源かという点に着目しており，畑において作物が光合成によって固定する炭素を含む収支ではない．

---

土中のガスは，雨水のように目では見えないため，土の中にどのくらい貯留され移動しているかはなじみが薄い．土中ではガスは拡散現象により移動し，大気中から拡散してきた酸素を植物の根や土中に生息する無数の微生物は呼吸により消費し，二酸化炭素を排出している．「土は生きている」ことを物理現象により解釈した．植物にとって，吸水には土中に存在する水量が，呼吸には大気との酸素ガス交換速度が大切である．一方，根は土中の一部に存在するため，水と酸素は土中を流れて根の表面まで到達しなければ吸収されない．つまり植物の吸収にとっては，根本的には，水も酸素も土中での移動速度が大変重要である．

## コラム：ガス拡散係数の予測

　不飽和透水係数は多水分条件下ではリチャーズにより1931年に測定法が開発され，1950年代にはシオレ点付近の乾燥域の透水係数まで求められるようになった．しかし，透水係数の測定は水分特性曲線の測定ほど容易ではない．不飽和透水係数を水分特性曲線から予測する試みは1950年代から始まり，1980年代後半になって予測法が確立された．その論文が引用された回数はダントツに多いといわれている．それでは，ガス拡散係数はどうだろうか．第3章で紹介したガス拡散係数の測定法は1940年代末に開発されている．一方，ガス拡散係数の予測は古くから気相率との関係で研究が行われ，ペンマンが1940年に提案した相対ガス拡散係数は気相率の66%に相当することが多いという式が有名である．その後もガス拡散係数は気相率の関数としてモデル化する試みが続けられてきた．水移動に対しては水が移動する間隙の大きさを考慮するために水分特性曲線が用いられているが，ガス拡散係数にはガスが拡散する間隙の大きさはあまり関係がないのかという疑問が生じる．1990年代になり，ガス拡散係数の予測に-10 kPaのマトリックポテンシャルの気相率を用いるモデルが出てきた．今後，ガス拡散係数のモデル化はどのような方向に進むのであろうか．

# 第4章　地温と熱伝導

　湿潤なわが国では，田畑の雑草の芽生えを促すのは土壌水分ではなく地温である．この地温を決めるおおもとは太陽エネルギーであるが地温はどのようにして決まるのであろうか．また，熱は暖かい部位から冷たい部位へと伝わっていくが土のような3相構造を持った場合の熱伝導は，固体と比べてどのような特徴があるのであろうか．熱はエネルギーであって物質ではないが，土中では物質と同じように貯留され，移動する．

## 4.1　太陽エネルギーの配分

　夏の日射の強い日は，乾いた地表面の温度は手で触れられないくらいに高温であるが，湿った地表面の温度は気温とほぼ同じである．地表面に到達する純放射(太陽から地表面に到達する放射エネルギーと地表面から宇宙空間に反射する放射エネルギーの差)が同じであるとすると，両者の地温の違いは，純放射の配分割合の違いにある．純放射は裸地表面または植生のある地表面では次のように配分される．

　　　　純放射＝顕熱＋潜熱＋地中熱伝導

顕熱とは純放射のうち地表面で熱に変換されて空気を暖めるのに使われるエネルギーであり，潜熱とは土壌表面からの蒸発もしくは植生表面における蒸発(蒸散という)に消費されるエネルギーである．また，地中熱伝導は高温の地表面から低温の地中内部へ移動するエネルギーである．乾いた地表面では，もはや蒸発が生じないため純放射のうち地表面を高温にして顕熱によって消費されるエネルギーが多くなる．一方，湿った地表面では純放射の大部分は水の蒸発の潜熱として消費されるため，地表面の温度は高くならない．地中熱伝導は後述のように地表面と地中の

温度勾配および土の熱伝導率の積で与えられ，純放射に占める割合はまちまちであるが，地表面が植生で完全に覆われた状態では，日射は地表面に到達しないため，地中熱伝導の項は無視できる．

以上の説明は日中の太陽エネルギーの配分を対象としたときであり，夜間は地球から宇宙に向かってエネルギー（長波放射）が放出されていて，地表面の温度は地中や気温よりも低くなる．その結果，晴れた夏の明け方には水蒸気が結露して水滴（露）が葉面に溜まり，冬には地表面に霜が降りる．地球は毎日太陽からの放射エネルギーを受けているが，地表面が一方的に熱くなっていくことはない．太陽からくるエネルギーに等しいエネルギーを地球は宇宙空間に放出しているからである．

## 4.2 地 温

図 4-1 は，つくばの 11 月初めに観測した裸地表面を境とした地温と気温の 1 日の変化を示している．温度変化は地表面で最も大きく，地中 40 cm では日変化はほとんど見られない．また，気温は地表面の温度に対応して変化しているが，地表面温度より振幅は小さい．植生は地温の変化を和らげる．植被が太陽放射を遮断するため夏場の日中の地温上昇は抑えられ，

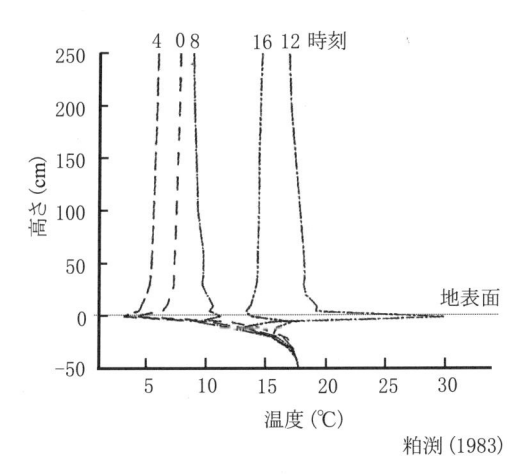

粕渕 (1983)

図 4-1　地表面を境とした地温と気温の変化

夜間の熱の損失は抑制されるため，植被は地温の日変化を少なくする．冬場は，植被は断熱の役割を果たし裸地に比べて地温の低下は少ない．図 4-2 は熱帯のナイジェリアの例であるが，森林伐採に伴い，深さ 5 cm の午後 3 時の地温が年間を通して 5〜15℃も高く，なおかつ温度の変動は大きくなっている．温度が高く土が水を適度に含んでいると，土壌有機物の分解が促進されるため，森林の伐採は微生物呼吸による二酸化炭素の放出と有機物の減少による物理性の悪化を招くことになる．

野菜栽培などでは春先にプラスチックフィルムで地表面を覆うことがよく行われている（マルチ栽培という）．最大の目的は，フィルムで覆うことにより地表面から水分蒸発を抑え，地温を上昇させて生育を促進させることにある．植物の生育には根の温度も大切である．

長期間の観測で得られた地温のデータから，1日単位で見ると24時間後に変化する温度はわずかであり無視できる．一方，1年を通して見ても365日後の同じ日の地温はほぼ同じである．その結果，ある深さの地温の日変化と年変化は1日または1年を$2\pi$とする正弦曲線で表されることが知られている．また，ある深さの地温の日変化や年変化は，地表面に比べ温度変化は遅れ，振幅が小さくなる．一方，年平均地温は深さにかかわらず同じ値を示す．年間の地温変化を見ると，地表面下 10〜16 m ほどで変化が見られなくなる．このように1年を通して地温変化が見られなくなる深さを不易層と呼ぶ．

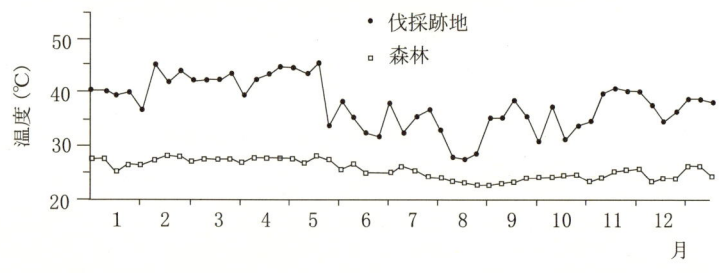

Lal (1975) を一部改変

図 4-2　森林の伐採が深さ 5 cm の地温に与える影響

## 4.3 熱伝導

### 4.3.1 熱伝導の特徴

　熱を伝える機構には放射，対流，伝導があるが，土壌の場合はごく表面を除くと大部分が伝導である．固体の熱伝導はフーリエ(1822)により解析され，フーリエの法則として知られている．この式は表 2-1 に示すように，水移動のダルシーの法則やガス拡散のフィックの法則と同じく，係数と勾配の積で表される．

$$J_h = \lambda \frac{T_1 - T_2}{l} \qquad (4.1)$$

ここで，$J_h$ は単位時間に単位面積を通過する熱量($W\,m^{-2} = J\,s^{-1}\,m^{-2}$)，$T_1$ と $T_2$ は温度(K)で $T_1 > T_2$，$l$ は距離(m)である．右辺第 1 項は熱伝導率，第 2 項は温度勾配を示している．熱伝導率($\lambda$)は $W\,m^{-1}\,K^{-1}$ の単位を持つ．金属の熱伝導率の値($W\,m^{-1}\,K^{-1}$)は銀 419，鉄 49 であるのに対し，空気 0.025，水 0.6(いずれも 20℃)である．土の熱伝導率は構成要素である土粒子，水，空気の熱伝導率と土壌全体に占める 3 相の割合(つまり，固相率，体積含水率，気相率)に加え，熱が流れる方向に 3 相がどのように配列しているかによって決まるため，3 相の熱伝導率と割合が既知であっても，土全体の熱伝導率は求めることができないという特徴がある．土の体積熱容量(単位体積の物質を 1℃ 上昇させるのに必要な熱量，$J\,m^{-3}\,K^{-1}$)も 3 相の割合の影響を受けるが，体積熱容量は固相，液相，気相の熱容量の単純な和として表現できる．この点が熱伝導率と異なる．

　土粒子の熱伝導率は水よりも大きいため，土の熱伝導率は固相率が大きいほど高い．また同じ固相率では体積含水率が大きいほど大きくなる．図 4-3 に 3 種類の土の熱伝導率を示す．いずれも体積含水率の増加とともに熱伝導率は大きくなる．火山灰土では飽和状態で水の熱伝導率とほぼ同じであり，ほかの土に比べて熱伝導率が小さいという特徴を持っている．

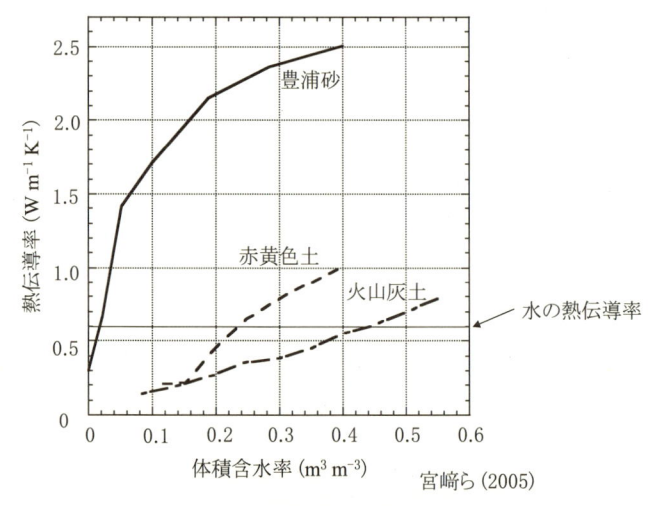

図 4-3 土の熱伝導率の水分依存性

## 4.3.2 熱伝導率の測定

よく用いられるヒートプローブ法は，土中に挿入した直径 1 mm 程度のプローブ(金属の中空パイプで中には発熱のためのコンスタンタン線と温度測定のためのニッケル線または熱電対が入っている)を短時間加熱し，加熱中および加熱終了後のプローブの温度を測定し，熱伝導の解析解の近似式をもとに土の熱伝導率を決定する．金属パイプの温度は，土壌水分が多いと暖まりにくいし，乾いていると温度上昇が著しいことは直感的にわかるだろう．土中の気相には窒素や酸素のほかに水蒸気も含まれる．そして，水蒸気圧(濃度)は高温側で高いため，熱伝導とともに水蒸気も高温から低温へと移動する．なおかつ，水蒸気の一部は低温側で凝縮し，水となって熱を放出する．この現象は熱伝導率を実際よりも大きく見積ることになる．したがって，ヒートプローブ法で測定された熱伝導率は見かけの熱伝導率であり，真の熱伝導率よりも数％大きくなるといわれている．

## 4.4 地温と土壌水分状態

### 4.4.1 氷点下でも凍らない水

コップに入った水は0℃になると水から氷へと相変化する．ところが，土中には氷点下でも凍らない水が存在する．水を多く含んだ褐色低地土（灰色低地よりも標高の高い低地に生成される），火山灰土，砂丘未熟土を-2℃まで冷やした実験によると，褐色低地土と火山灰土では体積含水率で約27%の水が凍らず，-10℃まで冷やしても20%以上の液体の水が存在した．一方，砂丘未熟土では温度にかかわらず凍らない水は4%程度しか存在しなかった（図 4-4）．この凍らない水，不凍水の量は土により異なるが，砂には少ないことは一般的である．

不飽和土の土中水のポテンシャルはマトリックポテンシャルと溶質ポテンシャルの和で表せ，第2章で説明したように水溜の水（純水）の水ポテンシャルよりも小さい．そして，土中水の水ポテンシャルが小さくなると土中水は凍りにくくなることが知られている．土中水が溶質を含まない場合は氷になるまでに低下する温度（$T$℃）とマトリックポテンシャル（$\phi$ MPa）との間には $\phi = 1.23\,T$ という関係が知られている．したがって，永久シオレ点に相当する水は-1.2℃までは液体のままで土中に存在する．

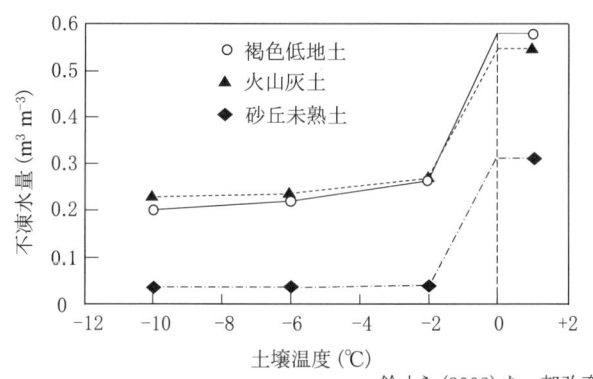

鈴木ら(2002)を一部改変

図 4-4 土の温度と不凍水量の関係

また，-100 kPa の水は-0.1℃で凍り始める．雪の少ない寒い地方では冬に土が凍結する．この期間，永年生の植物の根は凍っていなくても，吸水は停止していることになる．溶質が存在しない場合-10℃で液体の水のマトリックポテンシャルは-12.3 MPa となり，室内で陰干しした土より若干湿った状態に相当する．

### 4.4.2 土壌水分と放射エネルギーの配分

図 4-5 は黄色土(東海地方に見られる洪積土壌)と火山灰土が充填された地下水位が一定のライシメータ(底のあるコンクリートの枠に土を充填した大きな容器)の地温(1975年9月12～13日)と深さの関係についての研究例である．図から黄色土の温度の振幅は火山灰土のそれよりも大きく，地表面で約 7℃の差が見られる．一方，土壌面蒸発速度は黄色土が 0.22 mm d$^{-1}$，火山灰土が 2.66 mm d$^{-1}$であった．つまり，太陽エネルギーの配分が2つの土で大きく異なり，蒸発に用いられたエネルギー(潜熱)は黄色土では純放射量の6%に対し，火山灰土では73%であった(粕渕, 1978)．

粕渕(1978)を一部改変

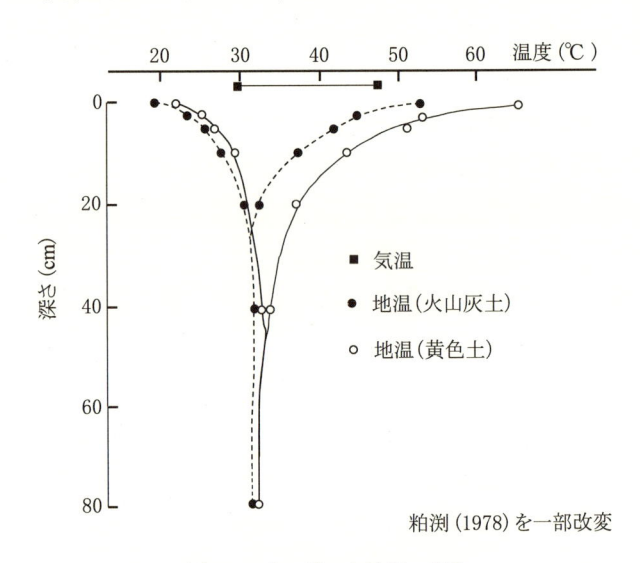

図 4-5 土の違いと地温の変動

火山灰土の蒸発が大きかった理由は，不飽和透水係数が大きく，土が乾燥しても下層から多くの水を供給できた結果である．一方の黄色土では不飽和透水係数が小さいために地表面に水が供給できずに非常に乾燥していった．その結果，黄色土では顕熱の割合が高く地温が高くなったと理解することができる．

このような現象が極端に生じる身近な例は海岸の砂浜である．真夏の砂浜は，手で掘るとすぐに水が出てくるのに，表面がさらさらで非常に熱い．砂は不飽和になると透水係数が急激に低下するために下方からの水の供給がほとんどなくなり，純放射の大半が顕熱に配分され，砂の表面は高温になる．また，乾燥した砂の熱伝導率は図 4-3 に示したように小さいため，下層の砂は熱くならない．このようにして砂の表面は乾いて熱いがその下は湿って冷たいという状態が生み出される．

農地の排水は地温に非常に強い影響をもたらすことがある．雪解け後の作土は水分を多く含んでおり，体積熱容量が大きいため，太陽が照っても暖まりにくい．また，湿っていれば潜熱への配分割合が大きくなり地温が上がりにくい．さらに，多水分では熱伝導率が大きいため，地表が暖かくなるよりも熱は下層へ伝導してしまう．これらの影響で春先の湿った農地の地温は上昇しにくく，作物の出芽や生育が遅れてしまう．排水を行うことは軟弱な農地における機械作業の早期開始に加え，顕熱への配分が増加することで地温が上昇するという効果がある．

---

地表面では水や空気などの物質に加え熱エネルギーの出入りが行われている．その結果，温度変化に富んだ作土では気化・凝縮といった物理反応や沈澱・溶解のような化学反応，そして有機物を分解する微生物反応が活発に行われる．水の気化熱は非常に大きく，水は熱をよく運ぶ．このため，水は熱の運び屋ということもでき，水移動と熱移動とは深く関係している．

## コラム：霜柱の話

　最近の東京は氷点下になることがめっきり減ってしまったようだが，私が子供の頃は冬になると霜柱がよくできて，ざくざくと踏んで小学校に通った．水移動量は第2章で説明したように動水勾配と不飽和透水係数の積で表される．表層の土中水が凍り，液体の土壌水分が減少することでマトリックポテンシャルが低下し，地表に向かって上向きの動水勾配が生じる．そのとき，関東ロームのように不飽和透水係数の大きな土では，下方から移動してきた水が地表で次々に凍っていくので立派な霜柱ができる．また，水が凍るときには熱を出すことも土の凍結速度をゆっくりにし，霜柱の成長を促進する．不飽和透水係数が小さい土では上向きに移動する水は遅く土が凍る方が速いため，霜柱は発達しない．土壌物理学からはこのように解釈できる．霜柱には地域性があるとはいえ，昔から興味深い問題であったようである．中谷宇吉郎は1938年に自由学園叢書「霜柱の研究」について書評を書いている．この中で，数人の女学生による共同研究を紹介しており，彼女たちの純粋な興味と直感的な推理とで，いかにも造作ないという風に，一歩一歩先に進んでいくことに感嘆している．野外観測の次に室内で人工的に霜柱を作っているが，霜柱は澱粉，ガラスの粉などではできず，土でも砂や粘土ではできず，関東平野にある赤土に限っていることを確かめている．そして，これは土壌の物理的性質によるのだろうと結論づけている．だが，ここで研究は終わらずに，砂やガラスを乳鉢で非常に細かくして立派に霜柱を作っている．自由学園の女学生が霜柱の研究に夢中になっていた頃は不飽和土中水の移動についてはほとんど明らかにされていなかった時代であり，素晴らしい研究である．教員はともすれば，既往の知識をおさらいしてから土を理解させようとする．これは，生徒が考える道筋を与えたことであり正しいことではある．しかし，霜柱の研究は，今の教育では，土に興味を持った若者の感性の芽を摘んでしまう危険性があることを教えてくれた．

# 第5章 溶質の貯留と移動

　水は多くの物質を溶かすので，溶質の移動は水の移動と同じと考えてよいのだろうか．地表に廃棄された物質はどのような過程を経て地下水に到達するのであろうか．溶質の貯留と移動は土中の物質移動の中でも難解な分野であるため，研究者にとっては興味が尽きないのであるが，ここでは，粘土がイオンを吸着することによる移動の遅延と硝酸態窒素による地下水汚染を理解するために必要な移動現象を中心に解説する．

## 5.1 溶質と土との相互作用

　第1章で説明したように，永久荷電を持つ粘土は負に荷電しているために，陽イオンを引きつけている．ここではこれを吸着と呼んでおこう．一方，陰イオンは粘土に吸着されない．このような状況を図5-1に示す．すなわち粘土表面付近には陽イオンが多数あり，距離とともに減少する．一方，粘土表面には陰イオンはないが距離とともに増加し，粘土からある距離離れれば，陽イオンと陰イオンの数は等しくなり電気的に中性の溶液(外液)となる．土から流れ出てくる溶液は必ず電気的に中性であり，陰イオンが多い水などというのは存在しない．吸着されている陽イオンは水とともに移動しないが，粘土に吸着されていない陽イオンと陰イオンは対となって水と一緒に流れる．

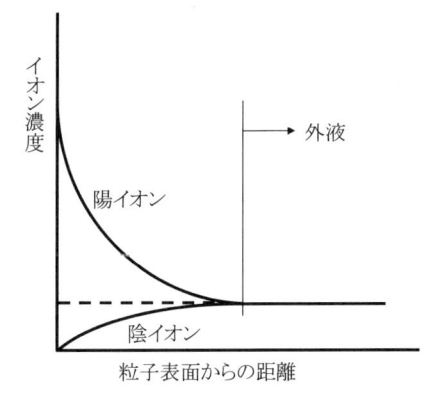

図 5-1　土壌溶液中のイオン分布

## 第5章 溶質の貯留と移動

　土中に存在する陽イオンの一部は粘土に吸着され，残りは溶液中に溶けている．そこで，土に含まれるある陽イオンを対象とし，粘土に吸着されたイオンの量（mol kg$^{-1}$）と溶液中に存在するイオンの濃度（mol m$^{-3}$）の関係を吸着等温線といい，その勾配を分配係数（単位は m$^3$ kg$^{-1}$ という意味の曖昧な次元を取る）という．分配係数が大きいということは，吸着されているイオンの量が多くて溶液中に含まれるイオンの量が少ないということである．植物は溶液中に溶けているイオンを吸収するので，例えばカリウムイオンが吸収されたとすると，分配係数にしたがって粘土に吸着されているカリウムイオンの一部が溶液中に溶け出す．このように，粘土は陽イオンの貯蔵庫の働きをする．

　粘土のもう1つの特徴は図5-2のように，イオン交換を行うことである．図ではカリウムイオンを吸着している粘土にアンモニウムイオンが添加されたとき，カリウムイオンの一部が粘土から離されて（脱着という）アンモニウムイオンが吸着される様子を示している．例えば，硫酸アンモニウムを窒素肥料として施用したときにこのような現象が生じている．吸着されているアンモニウムイオンは土にとどまり，浸透水によって流れ去らないということを意味している．面白いことに，根は水素イオン（H$^+$）

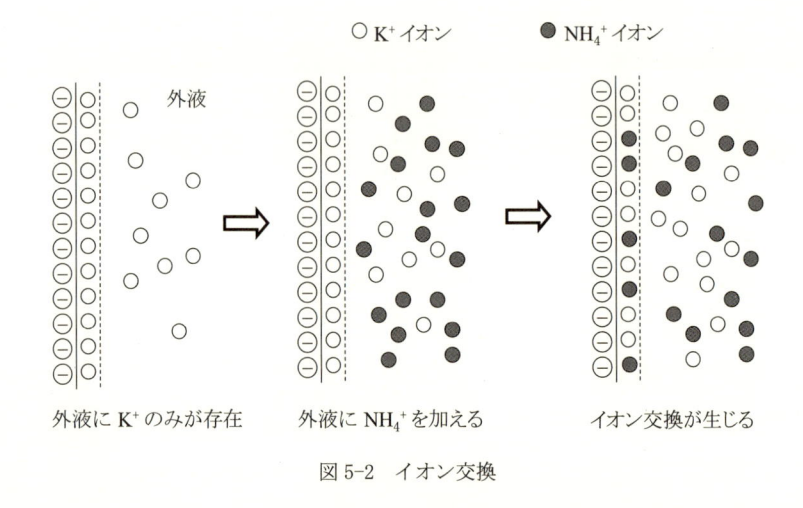

○ K$^+$イオン　　● NH$_4^+$イオン

外液にK$^+$のみが存在　　外液にNH$_4^+$を加える　　イオン交換が生じる

図5-2　イオン交換

を放出し，粘土表面から溶液中に出てきた陽イオンを吸収するというように，イオン交換に基づいて養分を取り込んでいる．

## 5.2 土中の溶質移動

### 5.2.1 移流と拡散

　水に溶けている溶質は水移動によって運ばれる．これを移流という．移流による溶質のフラックスは，ダルシーの法則で表される水フラックスと溶質濃度($kg\ m^{-3}$または$mol\ m^{-3}$)の積で与えられる．移流に加え，溶質では次のような移動が生じる．ビーカに入った水にインクをたらすと，インクは拡散して段々と広がっていく．これは，ガス移動の拡散現象と同じである．土中においても溶質は濃度の高いところから低いところへと拡散することになるが，水分量が少なくなるほど拡散が遅くなるほか，ガス拡散と同様に曲がりくねった間隙の特性や移動の障害となる固相の影響を受けるため，溶質の拡散係数は小さい．ところで，土は多様な間隙を持っているので，水移動のところで説明したように，太い間隙中の水は細い間隙中の水よりも速く前に進む．このため，図5-3に示すように太い間隙中の溶質は流れに対して直角方向にも拡散することになる．このような現象を水力学的分散という．そして，拡散に伴う溶質のフラックスは拡散係数と溶質濃度勾配の積で，水力学的分散に伴う溶質のフラックスは，水力学的分散係数と溶質濃度勾配の積で与えられる(ジュリーとホートン，2006)．

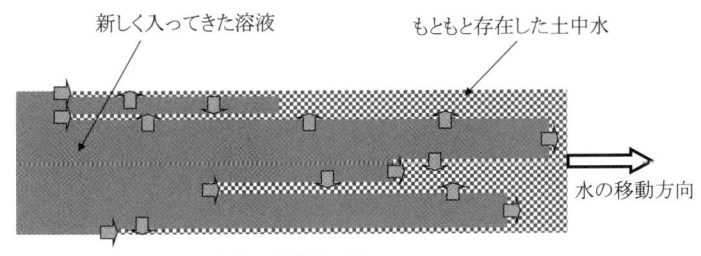

図5-3　水力学的分散

したがって，溶質の移動は拡散・水力学的分散による移動と移流の和として次のように表される．

$$J_s = D_s \frac{C_1 - C_2}{l} + q \frac{C_1 + C_2}{2} \qquad (5.1)$$

左辺の $J_s$ は溶質のフラックス ($kg\,m^{-2}\,s^{-1}$ または $mol\,m^{-2}\,s^{-1}$)．右辺第1項は拡散と分散による移動を示し，$D_s(m^2 s^{-1})$ は拡散係数と水力学的分散係数の和で，土壌水分量により変化する．$C_1$ と $C_2$ は距離が $l(m)$ 離れた溶質濃度 ($kg\,m^{-3}$) で $C_1 > C_2$ である．右辺第2項の $q(m\,s^{-1})$ は(2.1)式(飽和)もしくは(2.2)式(不飽和)で表される水フラックス，$(C_1+C_2)/2$ は溶質濃度の平均を示す．(5.1)式は溶質移動の基本式で，溶質は水移動がなければ拡散により移動し，水移動があれば移流に加え拡散と水力学的分散によって移動することを示している．

### 5.2.2 流出濃度曲線

図5-4はカラムに乾燥した土を詰め，溶液を浸入させたときの様子を示している．単純化するため拡散と分散現象は無視し，移流でのみ溶質は流れると考える．この土は永久荷電を持っており，陽イオンは吸着するが陰イオンは吸着しないとする．カラムの断面積を $Sm^2$，湛水深を $hm$ とし，

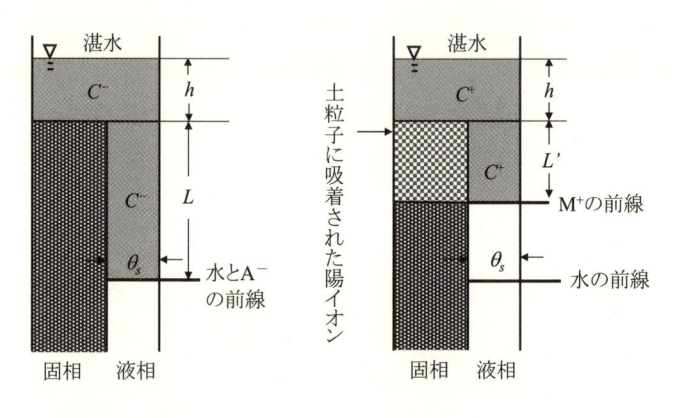

a) 陰イオンの移動　　b) 陽イオンの移動

図5-4　イオンの吸着と移動

溶液の陽イオン $M^+$ の濃度を $C^+$ (mol$_c$ m$^{-3}$), 陰イオン $A^-$ の濃度を $C^-$ (mol$_c$ m$^{-3}$) とする. 湛水中では $C^+ = C^-$ である. さらに, 土はあらかじめある陽イオンを吸着しており, 浸入溶液に含まれる陽イオン $M^+$ とイオン交換することにする. また, 溶液が浸入した部分は飽和しており, 体積含水率を $\theta_s$ とする.

湛水している溶液の体積は $Sh$ m$^3$ であるので, 水が浸入する深さ $L$ は $Sh = SL\theta_s$ から $h/\theta_s$ となる. それでは, 陰イオン $A^-$ と陽イオン $M^+$ の先端はどの位置まで到達するだろうか. まず, 土に吸着されない $A^-$ の湛水中に含まれる全量は $ShC^-$ となる. 土に浸入した $A^-$ の全量が $ShC^-$ に等しくなる距離は, $ShC^- = SL\theta_s C^-$ となり, 水の先端と同じ $L$ になる. これは, 図に示した湛水の面積と土に浸入した液相部分の面積が等しいということである. それでは, 陽イオンである $M^+$ の移動距離はどうであろうか. $M^+$ は分配係数にしたがって, 一部は固相に吸着され, 残りは液相に存在する. $M^+$ の到達距離は, 吸着された $M^+$ の質量と液相中の $M^+$ の質量の和が, 湛水中の $M^+$ の質量に等しくなる地点 $L'$ になる. したがって, $M^+$ の浸入距離は $A^-$ の浸入距離よりも短い. $L'$ よりも先の溶液中では, イオン交換により, 土に吸着された $M^+$ と同量の陽イオン ($M'^+$) が液相中に脱着されるために, $L$ と $L'$ の間の液相中では $M'^+ A^-$ となって電気的中性を保っている (Bolt and Bruggenwert, 1980).

次に, 永久荷電を持った土を均一に詰めたカラムに溶液を流し, 流出口から出てくる溶液の濃度について考えてみよう. 地下水の硝酸態窒素汚染などを理解するために必要な点を中心に説明することにする. 初期の状態は, 図 5-5 の左ように, 土の入ったカラムの上端から脱塩水 (純水) が流れており, 下端から流出している状態が続いている. このとき, 流入側のコックを切り替えて, 濃度が C の溶液が浸入したとき, 流出してくる溶液の濃度は時間とともにどのように変化するだろうか. この現象を次のように考えることにする. カラムの体積含水率を $\theta$ とすると, 長さ $L$ のカラムに含まれる水の体積は $L\theta$ である. そこで, $L\theta$ を 1 つの尺度

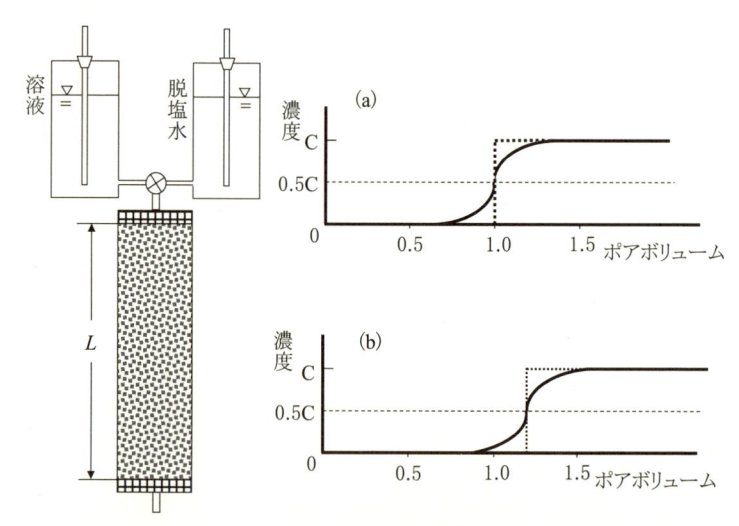

図 5-5 流出濃度曲線

としてポアボリュームと呼ぶことにする．新たに $L\theta$ の水が入れば，今までにカラムにあった水はすべて押し出されると考えるのである．ポアボリュームと濃度の関係を流出濃度曲線という．均一に充填された土において，水から溶液に切り替えた場合の陰イオンの流出濃度曲線は拡散現象が生じなければ，図 5-5(a)の破線ように水から溶液に切り替えて丁度 1 ポアボリュームで濃度は 0 から C にジャンプすることになる．このような移動をピストン流という．ピストン流は前にある物質をそのまま押し出すということの連想からできた用語である．しかし，実際には，1 ポアボリュームになる前に実線のように陰イオンが流出し始め，1 ポアボリュームで濃度が 0.5C となり，1 ポアボリュームを超えても濃度が直ちに C にならない．このようになる理由は，前述の水力学的分散現象に起因する．

次に，溶質が固相に吸着される陽イオンの場合を考えてみる．水に切り替えてからカラムに入ってきた陽イオンの量は陰イオンと同じであるが，陽イオンの一部はイオン交換により固相に吸着されるため，図 5-5(b)のように，1 ポアボリュームになっても濃度は 0.5C にならない．

分配係数が大きくて固相への吸着が著しいほど，陽イオンの流出は遅延する．図では濃度が0.5Cとなるポアボリュームは1.2である．この値は流出の遅れを示すので，遅延係数という．

土がイオンを吸着する場合の実測例を示そう．第1章で触れたように，火山灰土は変異荷電を持つという性質がある．十勝で採取したpH6.2の火山灰土の下層土では分配係数が0.76であった．この火山灰土を0.84mmの篩に通してカラムに充填し，脱塩水を8ポアボリューム流したのち硝酸カルシウム溶液に切り替え，流出液の濃度から求めた流出濃度曲線を図5-6に示す．縦軸は流入させた硝酸イオン濃度を1とした相対濃度，横軸はポアボリュームである．図から流出した硝酸イオンの相対濃度が1/2になるのは約2.2ポアボリュームであることがわかる．すなわち遅延係数は2.2である．逆に見れば，この火山灰土の硝酸イオンの移動距離は土に吸着されない水溶性物質の移動距離の45%である．

国内の9種の火山灰下層土を対象とした同様の実験から，遅延係数($R$)と分配係数($K_d$)の関係は，$R=1+1.40K_d$で近似され，鹿児島県のアカホヤの遅延係数は3を超えた(田村ら，2011)．カラム試験のような均質に詰めた土では水溶液の移動はマトリックス流であり，溶質の移動は(5.1)式に

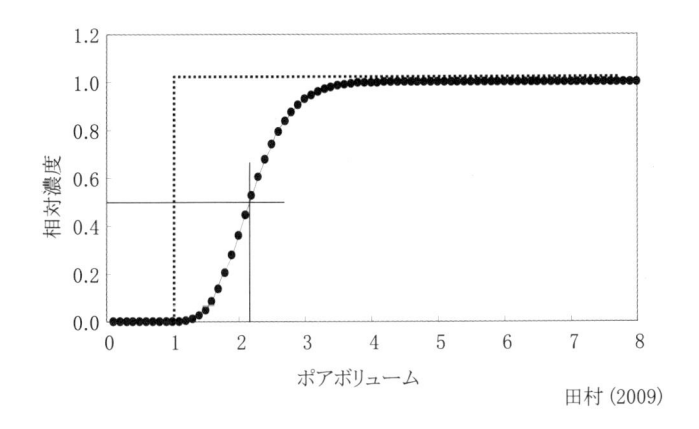

図5-6 硝酸イオンを吸着する火山灰下層土の流出濃度曲線

よって正確に記述できる．しかし，畑の火山灰下層土では，溶質移動がカラム試験のようではないことを第9章で説明する．

農地では土が構造を持っていることが多く，均一な流れであるマトリックス流よりもバイパス流が卓越することさえある．バイパス流があるときの流出濃度曲線はどのようになるだろうか．土の中に亀裂のように大きくて長い間隙があると，溶液はその部分を優先的に速く流れるため，土に入った溶質は1ポアボリュームよりも相当速く流出する一方で，流出液の溶質濃度がカラムに入った溶液の溶質濃度と等しくなるまでのポアボリュームは1よりもずっと大きくなる．そのため，室内実験では拡散・水力学的分散と移流の寄与が理論的に明らかになっていても，土の堆積状態や間隙の分布が均一ではない実際の農地の溶質移動では詳細な測定が困難なこともあり，吸着のない溶質の移動は移流で考える，つまり水移動と同一と考えることから始めることが多い．

### 5.2.3 硝酸塩による地下水の汚染と浄化の予測

土中における溶質の移動が室内実験のように予測できないということは，地下水汚染の対策にとっては頼りないが，現段階ではピストン流を仮定し第一近似としての予測値は知っておくことが大切である．例えば，硝酸イオンが土に吸着されないとして，簡単な例で地表面に散布した硝酸塩が地下水に到達する時間を推定してみよう．年降水量が1,250 mm，蒸発散量が750 mmで土層の年平均体積含水率が$0.4\,\mathrm{m^3\,m^{-3}}$のとき，地表面に散布された窒素肥料が地表下20 mにある帯水層に達するのに何年かかるだろうか．土中を浸透する500 mmの水が40%の土の体積中を流下するので，1年間に1.25 m移動する．したがって20 m下にある地下水には16年かけて到達することになる．陰イオンである硝酸イオンを吸着する火山灰土では，地下水に到達する時間はもっとかかることになる．一方，砂地(砂丘未熟土)のように排水によって多くの水が失われてしまうような土では，年平均体積含水率が小さくなるので，流入量が同じならば硝酸塩は深くまで到達することになる．いずれにしても，

地下水の汚染に気がついて対策を取ったとしても，地下水がもとに戻るには汚染に要した年月がかかるということである．地下水汚染のような環境問題では汚染の予測が重視される．この点では土壌物理学はいまだ不十分であることを認めざるを得ない．

---

イオンの移動は拡散・水力学的分散と移流により行われるが，多くの場合，移流による移動が卓越する．そのため，粘土粒子に吸着されないイオンは水の移動と同一として扱われる．一方，粘土に吸着されるイオンでは，吸着される分，イオンの移動は水の移動よりも遅くなる．

### コラム：土壌溶液を採る

土中の溶質移動を追跡するには溶液採取が必要となる．よく用いられるのは，素焼カップを土中に埋設し，カップに接続した細い管を減圧しカップ内に侵入してきた溶液を採取するという方法である．札幌のような多雪地帯では真冬も土は凍結していない．そして，本州の台風に相当するような多量の浸透水は融雪期に発生する．大学院生のTさんは，秋の収穫後に残存した硝酸態窒素が冬期・融雪期にどのように移動するかを研究することにした．しかし，真冬に通常の細い管を通して溶液を採取する方法では，細い管を流れる溶液が氷点下の大気中を通過する際に凍結してしまい，溶液を採取することはできない．計画段階では妙案はなかったが冬になるまでの間に色々と考えた．雪原の上では手がかじかんで

細かい仕事はできない．そして，図に示すような採水法に行き着いた．冬になる前に，塩ビの円筒がついた素焼カップを所定の深さに埋設しておく．溶液採取のときは①のようにハンドポンプで塩ビ管内部を減圧し，土中水が浸入してくるまで待つ．その後②のように，おもりの下に脱脂綿の入った螺旋状の針金を塩ビ管の中に降ろし，脱脂綿に吸水させる．吸水した脱脂綿は針金ごと糸から外し，プラスチックの容器に入れ実験室に持ち帰る．実験室では脱脂綿を絞って得た溶液を分析する．この方法で工夫したのは，おもりの形状である．図の③のように弾丸のような形にしないと素焼カップと塩ビ管のつなぎ目におもりが引っかかる．また，螺旋状の針金を沢山用意しておき，その中は化粧用のパフを入れることにより，吸水部を容易に作ることができた．畑の水移動では均一な流れであるマトリックス流に加え，バイパス流が生じることがあるので，この方法で採水することが最善の方法ではないことはいうまでもない．

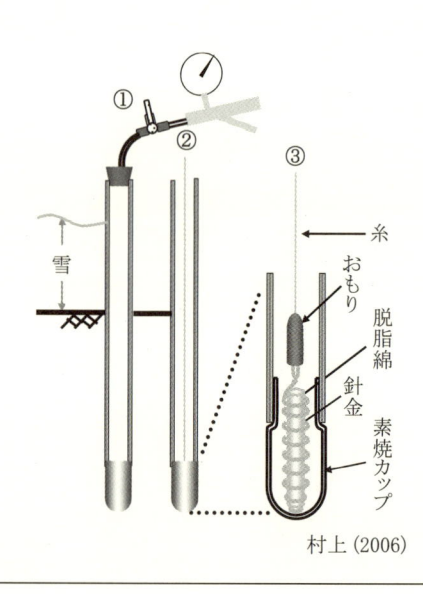

村上 (2006)

# 第6章 物質の収支と移動量の測定

土中における着目する物質の増減がどのようにして決まるのかを理解することは非常に基本的なことである．その出発点は，微小体積，微小時間を対象として，そこに出入りする物質の質量と微小体積内で生み出されたり消失したりする物質の質量の和は，微小体積に含まれる物質の質量の変化量に等しいという「質量保存則」である．この法則の微小体積，微小時間に対して，土中で起きている対象とする現象に合わせて，例えば，体積を根群域，時間を1日などに変えて，物質の収支を考えることができる．なぜこのようなことが大切かというと，収支を用いることで実測ができない項目を推定することができるためである．というのは，多くの場合，土中における物質の移動量を測定するのが難しいからである．

## 6.1 物質の収支

質量保存則を拡張すると，ある大きさを持った土中で，ある時間内に生じる物質の増減は，この土に出入りする物質の量と，この土中で発生または消失する物質の量によって決定されるということになる．一般論で説明するよりも，比較的単純な土の部位を対象として水，ガスとして二酸化炭素，溶質として硝酸イオンの収支を考えよう．なお，単位断面積を通過した物質移動量を単位時間当たりに換算したのがフラックスである．

### 6.1.1 水

図6-1は根群域の水収支を示している．直感的にわかるように，根群域の水を増やす項をプラス，減少させる項をマイナスとする．地表面では雨による浸入量($P$)がプラスで土壌面蒸発量($E$)がマイナスとなる．

## 第6章 物質の収支と移動量の測定

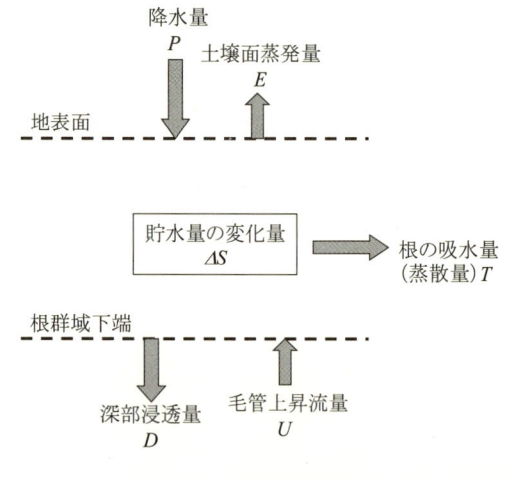

図 6-1 根群域の水収支

根群域下端では深部浸透量(排水量)($D$)がマイナスであり，根群域が乾くことで根群下端に生じる上向きの毛管上昇流量($U$)がプラスである．蒸散量($T$)は根の吸水量の和であるので，根群域内部で生じるマイナスの項と考える．根群域の貯水量の変化量($\Delta S$)はこれらの項の和として決定される．

$$\Delta S = P - E - T - D + U \qquad (6.1)$$

根群域の貯水量の増減は対象とする期間によって異なる．例えば1週間単位で考えると，雨が降ることにより貯水量は大きく変化することがある．一方，1年以上の長期間を対象にしたときは，貯水量(土壌水分)が年々減少していくことはないので，貯水量の変化はゼロと見なし，降水量(浸入水量)と蒸発散量の差が深部浸透量となり，やがて地下水を涵養することになる．また，水田の作土は，湛水期間中は水で飽和されているため，貯水量の変化はなく，時間単位でも日単位でも，地表面から入った浸透水量と根の吸水量(ほぼ蒸散量に等しい)の差が下層土への浸透量となる．水田では，人為的な取水や地表排水，浸透水の再利用などで水収支項は多くなる．詳しくは第7章で説明する．

## 6.1.2 ガス

作土を対象に二酸化炭素の貯留と移動を考えることにする．大量の雨が降っているときや土壌が凍結しているときを除くと，二酸化炭素は下層から大気へと流れているので，ガス収支は図 6-2 のようになる．ガス拡散により下層土から作土へ入ってくる二酸化炭素の流入量($F_1$)，作土中で有機物の分解や根呼吸で発生する二酸化炭素量($r$)，拡散により大気に放出される二酸化炭素量($F_2$)により，作土中の二酸化炭素の質量変化量($\Delta S$)は次のようになる．

$$\Delta S = F_1 + r - F_2 \qquad (6.2)$$

作土中の二酸化炭素の質量は気相率と二酸化炭素濃度の積で与えられる．通常，作土中の二酸化炭素の質量変化量は，$F_1$や$F_2$の二酸化炭素移動量よりも大変小さいので，(6.2)の左辺$\Delta S$はゼロ，すなわち定常状態と仮定することが多い．

メタンの場合は，森林では大気よりも土中の濃度が低いので，大気から土中へメタンが拡散し，水田や湿地のような湿潤な土地利用では土中から大気へとメタンは放出される．このように，ガスによっては流れの向きが変化する．また，発生・消失項 $r$ は，メタンのように酸化状態では分解消失し，強還元状態では発生するように正にも負にもなることがある．土中では水収支で考慮すべきほどの水が発生することがないのに対し，ガスは土中で発生や消失が盛んに起きているという違いがある．

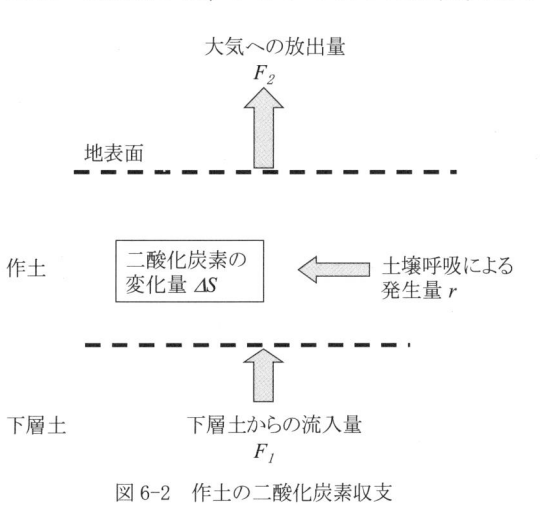

図 6-2 作土の二酸化炭素収支

### 6.1.3 溶　質

　溶質収支の例として畑の下層土を対象に硝酸イオンの収支を考えてみる．図6-3に示すように，地表面に散布された化学肥料は作土で硝酸化成(硝化)を経て，堆肥などの有機物では無機化と硝化を経て硝酸イオンとなる．硝酸イオンは陰イオンであり水に溶けて浸透水とともに下層土へ流入する．流入量($F_i$)は硝酸イオン濃度と浸透量の積で与えられる．下層土では植物根による硝酸イオンの吸収量($r_1$)が生じる．もし下層土の気相率が小さくて下層土と作土・大気とのガス交換が不十分であると，下層土は還元状態になり，硝酸イオンは脱窒菌により窒素ガスとなって消失量($r_2$)が生じる．下層土からは，浸透水とともに排出され地下水に流入する溶脱量($F_o$)が生じる．したがって，下層土の硝酸イオンの質量変化量($\Delta S$)は次のようになる．

$$\Delta S = F_i - r_1 - r_2 - F_o \quad (6.3)$$

火山灰土のように陰イオンを吸着する土では硝酸イオンの一部は固相に吸着されるので，$\Delta S$は土壌溶液中と固相に吸着された硝酸イオンの和の変化量となる．脱窒量は容易に求めることができないので，ほかの項目が実測または精度よく推定できる場合には，(6.3)の収支式により脱窒量を見積ることができる．

　以上は単純化するため畑の下層土を対象にしたが，作土を含めると，そこでは無機化や硝化の項ばかりではなく微生物による窒素吸収

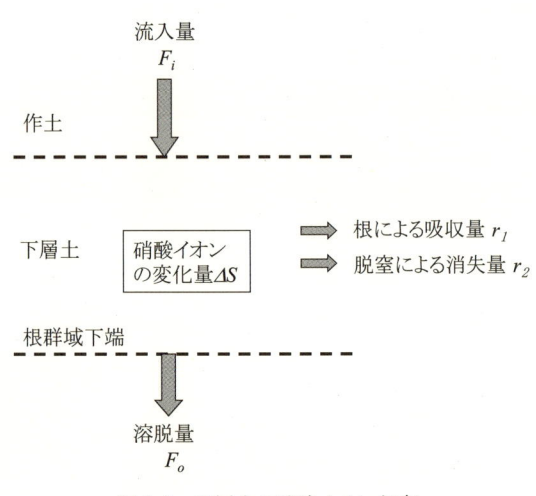

図6-3　下層土の硝酸イオン収支

(有機化)も起こる(飯村,1982).また無機化によって生成したアンモニウムイオンは粘土に吸着される.窒素のように形態変化する物質の収支は多くの要素を考えなくてはならず,単に硝酸イオンのみに着目するよりも窒素元素に着目した窒素収支の方が全体の流れがわかる.図6-4は水田において窒素がどのような形態で移動しているかを示している.窒素の形態変化については第7章で触れることにする.また,土中に含まれる炭素には有機体,無機態があり,移動可能なガスや溶存態炭素もあれば,動かない炭素化合物もある.そこで,窒素の場合と同じように二酸化炭素の収支を含む炭素の収支を考えることも多い.特に,第3章に紹介した農地由来の二酸化炭素の排出を抑制しようとする場合には,炭素をもとにした収支式が有効である.

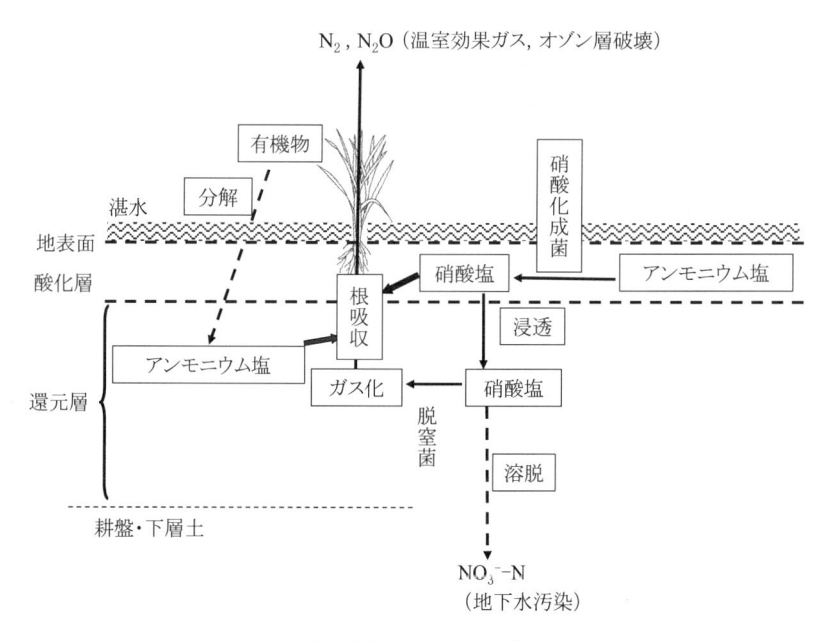

図6-4 水田土層中の窒素の形態と移動

## 6.2　移動量の測定

　土中にある水，ガス，溶質の存在量は土の持つばらつきの影響を受けるとはいえ，現場でもしくは採取した土を分析することにより比較的容易に求めることができる．一方，物質の移動量の測定は必ずしも容易ではない．地表面から土に入る水の量は，表面流出がない場合には雨量で置き換えることができる．空き缶に溜まった水だけでも測定できる簡単なことである．一方，地表面から大気への水移動である蒸発量を直接測定することには土壌学は成功していない．そこで，気象データと気象学的な知識から土壌面蒸発量を推定している．しかし，この方法で得られた蒸発量が正確かどうかを直接確認する術はないようである．また，深さ1 m（根群域の下端）を横切る下向きの水移動量は，マトリックス流，バイパス流とも直接測定することはできない．マトリックス流の場合，不飽和ダルシー式が使えそうであるが，図2-8で見たように，不飽和透水係数がマトリックポテンシャル（土壌水分量）によって大きく変化するため，現場で不飽和ダルシー式を適用して水移動量を求めることは土壌物理の専門家も必ずしも成功していない．そして，バイパス流については測定法すらない．深さ1 mを横切る上向きの流れはマトリックス流ではあるが下向きの流れと同様に測定は大変難しい．溶媒である水の移動量の測定が困難であることは，深さ1 mを横切る硝酸イオンの移動量の測定も同じく困難である．このような状況を反映して，ライシメータを用いて水や溶質の移動量を測定する方法（ライシメータ法）が広く使われてきた．この方法では，底から漏れて出てきた水の量を測り水質を分析すればよい．しかし，土を詰め直すということと，底から出てくる水は不飽和の流れではないことから，現実の畑の状態を再現していないという大きな問題がある．一方，暗渠を入れることが一般的になっているわが国の水田や汎用農地では，暗渠から出てくる水量と硝酸イオン濃度の測定は容易であり，施肥効率や環境負荷に対して有効な情報を与えることになる．

写真6-1　チャンバー法による地表面からのガス放出・吸収速度の測定

　地表面を横切るガスについてはチャンバー法という容易な方法があるが(写真6-1)，深さ1mを横切るガスの移動量を求めるには式(3.1)のフィックの法則を適用するしかなく，水の場合と同様に難しい．なお，チャンバー法が適用できるのは大気中には微量しかないガスであることが必要で，土壌に吸収される酸素のフラックスや脱窒で生じた窒素ガスフラックスを測定することは不可能である．これは，5人乗りのボートに1人が乗るとボートの喫水線が下がることで変化がわかるが，1,000人乗りの船に1人が乗り込んでもわからないのと似ている．このように考えると，一般に土中における物質の移動量や移動速度を実測することは難しく，移動量は収支式の未知の項になる場合が多い．

---

　今まで個別に説明してきた水，ガス，溶質が土中に貯留され移動する量はすべて，対象とする土の体積と時間における収支として定量化することができる．貯留量は測定可能なことが多いが，土中の移動量は測定が非常に困難であり，収支式の未知の項として求めることが多い．農地における物質移動を定量化するためには物質収支式が不可欠である．

## コラム：Experimenter and modeler

　現在までの私たちの知識は土中の熱および物質移動を十分理解したとはいえない．そこで，移動現象のより深い解釈を求めて，実験が種々の条件のもと繰り返して行われている．一方では，知的興味からあるいは科学的知見の社会還元という目的で，移動現象の予測が行われている．その中には，植物の水養分吸収といった農学の1分野を対象とした予測から地下水の汚染予測，地域や生態系を対象とした窒素や炭素の流れの予測といった国民的関心事まである．予測にはモデルが使われる．そして，モデルの中にある未知のパラメータ，移動現象においては透水係数や貯留量といった特性値に実験で得られた値を代入することでモデルを解析し，移動現象の過程や結果を予測することになる．したがって，実験屋（experimenter）とモデル屋（modeler）は，本来は車の両輪となって科学の発展に寄与していかなければならない．しかし，どうも実験屋とモデル屋とは必ずしも仲がよくない．実験屋は自然の中で自然を測るため，気象条件の影響をまともに受けながら仕事をする．一方のモデル屋は室内において自然を予測するために，屋内の快適な条件で計算機と既往の研究成果を使って仕事をする．実験屋は現象の理解がいまだ不十分であると考えて実験をしているのであるが，端で見ている人にとっては，あの人はいつまで実験をすれば気が済むのだろうか，いつまで待っていたら，研究成果をモデルに組み込めるのだろうかと感じてしまうことさえある．一方のモデル屋に対しては，パラメータを操作することでシナリオ通りの予測ができてしまうのは疑問だ，モデルが一人歩きしているという声が上がる．このような傾向は土の移動現象に限ったことではないようである．環境アセスメント，地球温暖化予測においても，モデル屋の主張と実験屋の指摘とは必ずしも一致していないのは国民のよく知るところである．

# 第7章 水　　田

わが国では1人1年間に約60 kgのコメと約35 kgのコムギを消費している．しかし，パンや麺類に比べコメは主食という感覚が強い．これは，領地の評価がコメの石高で行われたように，コメが特別扱いされてきたこととも無関係ではないだろう．20世紀後半の研究においても畑よりも水田に重点が置かれてきた．そして，現在の水田には十分水が行きわたるようになっており，灌漑用水の問題はほとんどなくなった．洪水になってはならない畑と異なり，1年間に約100日水を湛える水田土壌にはどのような特徴があるのだろうか．また，生産性を向上させるために水田にはどのような工夫がなされ，機能を持たせているのだろうか．このような点に焦点を当てる．

## 7.1　水田の特徴

### 7.1.1　天水田と灌漑田

　灌漑用水をもっぱら雨に頼るのが天水田であり，灌漑用水を河川や地下水に頼るのが灌漑田である．稲作期間中にほとんど雨が期待できないエジプトやカリフォルニアの水田および東南アジアの乾季作の水田は灌漑用水にほぼ100%依存しているが，日本を含む東アジアや東南アジアの雨季作の水田は用水の多くを雨に期待している．月降雨量が約200 mmあれば水田を湛水状態に保ち得るといわれているが，天水で安定的にイネを栽培するには，少なくとも降雨量が蒸発散量を上回っていなければならない．わが国の気象条件に当てはめると，生育期間の4ヶ月間常に降雨量が蒸発散量を上回る地域はない．東南アジアの天水田も年によって雨が十分ではないこともある一方，洪水になるような大雨のときもあるため生産性は低く，施肥も行われないことが多い．また，天水田では

雨をできるだけ有効に使うために高い畦を持っている．タイにおける調査では，天水田の畦の高さが 35〜58 cm であったのに対し，灌漑田のそれは 15〜20 cm であった (Kohno, 1995)．

　水田と聞いて私たちがイメージするのは，地表面が平らで，水を貯めるために畦で囲まれていることだろう．今から約 30 年前に西アフリカの水田を見学する機会があった．そこで驚いたことは，斜面にも水田があることと (写真 7-1)，水田は必ずしも畦でしっかりと囲まれていないということであった．斜面の水田では，高いところは畑状態にあり，低いところでは湛水して水田状態となっていた．そして畑と水田の割合は，降雨量の多寡に左右されているという．アジアの人びとは，傾斜地では棚田を作ってきた．この西アフリカの陸稲と天水田の共存には常識を覆させられた．一方，畦で完全に囲まれていない理由は定かではなかったが，畦で囲って水を独り占めしないという感情的な話を聞いた．西アフリカはアフリカイネの稲作発祥の地であり，イネ栽培の後進地域ではない．水田が平らで畦で囲まれているというのはアジアだけの常識なのかもしれない．

　世界の耕地面積約 14 億 ha のうち稲作面積は約 1 億 5,000 万 ha ある．稲作面積の内訳は，灌漑田が 55%，天水田が 27% を占めるほか，湛水深が 50 cm を超えて畦畔を持たない深水稲や浮き稲と畑で栽培される陸稲が

写真 7-1　水田は平坦であるは西アフリカでは通用しない

ある．また，水田面積の約9割はアジアにある．収量（籾換算）は灌漑田が 4.9 t ha$^{-1}$，天水田は 2.3 t ha$^{-1}$ である．わが国の収量は 6.7 t ha$^{-1}$（玄米換算で 5.3 t ha$^{-1}$）と非常に高い．イネ，コムギ，トウモロコシの 3 大穀物の生産量は約 6 億 t でほぼ同じで推移してきたが，最近では，バイオエタノールの需要もあり，トウモロコシの生産量がコメ，コムギよりも多くなっている．また，農水省の資料によると，2006 年のコメの貿易率（輸出量/生産量）は約 7% であり，コムギの 18% に比べて小さいのが特徴である．

### 7.1.2 水田の造成

わが国の現在のイネ作付面積は 1960～1965 年の作付面積の半分以下であり，新たな水田が造成されることはないが，生産コストを下げる目的の区画の拡大はあり，造成と同様に水田の土が動かされることがある．作土は下層土に比べて肥沃であるため，水田の造成や圃場整備に当たっては，作土が新しい水田の作土になるようにする．そのため，水田の造成や区画の拡大に際しては，最上位田，最下位田を除くと，下位の水田の下層土を均平にしてから，上位の水田の作土を載せるように下から上に向かって水田を整備していく（図 7-1）．昔は水面から出ている土を水没している部分に移動させながら水田を均平にしてきた．したがって，

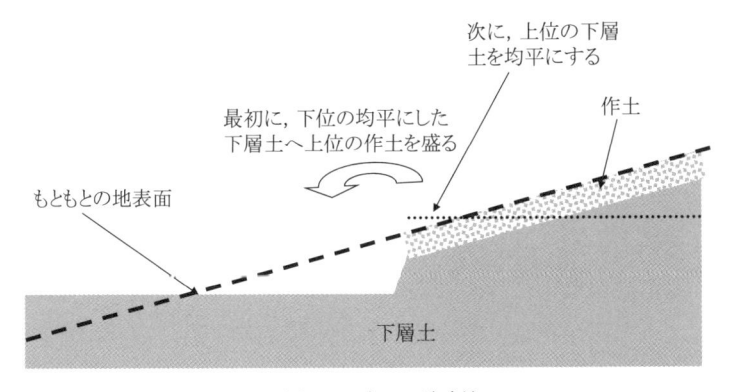

図 7-1 水田の造成法

大きな区画の水田を作るのは大変な作業であった．現在では，レーザー光線を使って水平を取る器械をブルドーザに備えつけることにより，1区画が1 haを超える大区画水田の造成も短時間でできるようになっている．しかし，大区画にするということは，平坦な場所を広げることであり，地盤を削り取ったり，盛り上げたりの作業量が増え，生産コストに跳ね返る．そのため，区画は大きいほど好ましいというものでもない．

水田の表面はできるだけ均平で凹凸がないように仕上げる．その理由は，傾斜があると，特に田植え直後には一部の苗は水面の上に出ることになり，一部は水没してしまい生育にムラができるためであり，凹凸が多いと凹部に溜まった水がなかなか消失せずに軟弱な状態で，適期に収穫機械が田に入れないためである．凹部の残水排除が問題になるときは，わが国では暗渠排水が行われている．暗渠については次の第8章で述べる．

透水係数の大きな土では，造成した水田に水を入れても水が貯まらないことが起こり得る．このような場合は，ブルドーザを走らせて下層土を転圧する床締めという作業を取り入れる．ふかふか状態の乾いた土を転圧しても土は締まらないし，逆に水が多すぎても練り返すだけで土は締まらない．土の性質を理解して適度な含水比のときに転圧することが大切である．火山灰土は，昔から排水性がよいため畑として利用されてきており，漏水が激しくて水田には適さない土の代表であった．そのため，戦後の食料増産において，火山灰土の水田造成では苦労した．火山灰土は乾燥密度が小さい割に土壌構造が堅牢で，ブルドーザで転圧しても構造が崩れず透水性は低下しない．そこで，開発されたのが破砕転圧工法という開田技術である．これは，作土を一度取り除き，下層土を耕起破砕して構造を破壊した後に，ブルドーザにより転圧することで間隙を潰して透水性を低下させ，最後に作土をもとに戻す工法である．このようにして火山灰土地帯においても水田ができるようになり，食料増産に寄与した．

### 7.1.3 水田の整備

わが国の水田の形は，現在はほとんど長方形である．しかし，山間(やまあい)に水田が開けている棚田では，不整形の水田が連なっている(写真 7-2)．田ごとに月が映るこの景観は，多くの人びとを引きつけ，農水省は棚田百選を選び，いくつかの写真集も出されている．中国雲南省ハニ族の棚田，インドネシアのバリ島の棚田，フィリピン北部のイフガオ族の棚田は世界的にも有名である．水田の歴史を見ると，初めは等高線に沿った不整形の田が多く，灌漑用水は上位の水田から流れ込み，排水は下位の水田に流れ去るといった掛け流しの灌漑方法であった．しかし不整形の水田では何かと都合が悪い．大化の改新(645 年)で大和朝廷は公地公民，班田収授法を定めた．そして，条理に基づき約 10 アール(10×100 m または 20×50 m)の長方形の水田に整備にした．その目的は生産性の向上ではなく，面積をはっきりさせて租税をうまく徴収するためであった．

戦後，農林省が実施してきた土地改良事業では，不整形で小さな区画の水田は耕作の利便性を考慮した矩形の水田に整備された．また，用水路にも排水路にも使われていた従来の用排兼用水路は用水路と排水路に分離され，すべての水田が道路に接することで土地生産性と労働生産性の向上を目指した．その結果，現在の多くの水田は図 7-2 のように，長辺が 100 m，短辺が 30 m で面積が 0.3 ha を 1 つの単位(耕区)とし，

写真 7-2　棚田の形状と景観(高知県香美市)

## 第7章 水　田

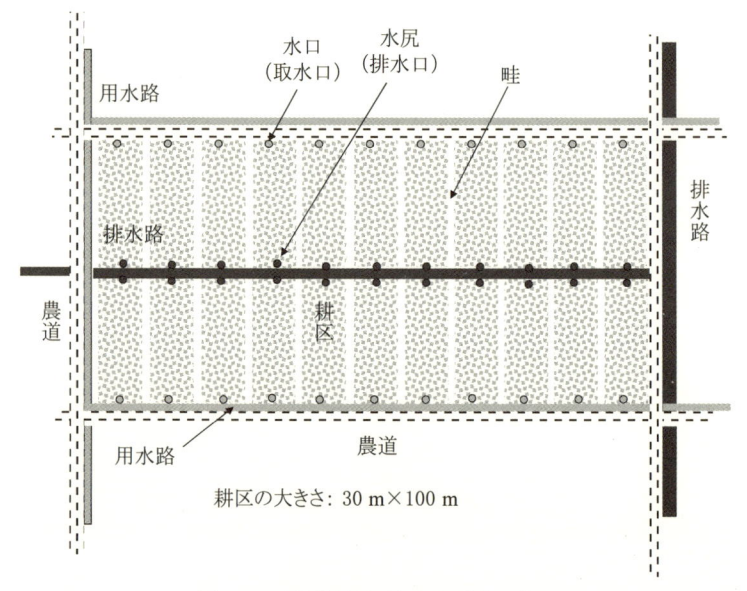

図 7-2　圃場整備が行われた現在の水田

短辺の一方が用水路と農道に接し，他方が排水路に接するようになっている．用水路側には水口(みなくち)があり，排水路側には水尻(みなじり)がある．このような整備を行うことで，水田の耕作者は，他人の水田を通らずに自分の水田に行き来することができ，水が必要なときや不要なときは他人の水田の邪魔をすることなく自由に水の駆け引きができるようになった．また，水田の畦の高さは 30 cm あり，東北地方や北海道で冷害が予測される際には湛水深を深くし，幼穂を保温して冷害を防ぎ，洪水のときは多量の水を貯めて洪水を防止する機能も有している．さらに，水田整備の際に用水路を管路(パイプライン)化した水田地帯も見られる．管路化することにより，標高に左右されずに配水可能となった点，蛇口の開閉で用水管理が容易にできるようになった点，用水路の掃除が不要になった点などの利便性が強調されている．しかし，水温が上がらない，水田の生物多様性を低下させているなどの問題点も指摘されている．

用水路は灌漑用水を無駄なく使えるように，コンクリートのような材料で水漏れしないように作られている．幹線用水路は流速も速く人が落ちたら助からない．一方，排水路は土中の水を抜くことが目的なので，法面が崩れて排水路が埋まってしまわないようにコンクリートの柵で法面の土を押さえてあるが，全面をコンクリートで覆うようなことはしない．幹線排水路は既存の小河川を利用していることも多く，流速は遅く多様な水生動植物の住みかとなっている．普段何気なく見ている水田もよく観察してみると，このような工夫がされていることがわかる．世界中を見わたしても，わが国のような自由度の高い水田が整備された国はない．世代を超えて将来に引き継ぐ貴重な財産である．なお，現在は大河川沿いの低平地に水田地帯が発達しているが，これは洪水を制御する土木技術が発達した江戸時代以降のことであり，それ以前は，洪水の心配がない中小河川沿いの低地に発達していた．それでも水田が洪水で埋まってしまった歴史を関西地方の水田の遺跡に見ることができる．

### 7.1.4 代掻き

代掻きとは，春に田に張った水を表面の土とともにかき混ぜる作業である．代掻きにはいくつかの役割がある．第1に土を水中で攪拌することにより，土塊は細粒化するので水の浸透を抑制する．畑の作土から採取した土の透水係数は $100 \text{ cm d}^{-1} (10^{-3} \text{ cm s}^{-1})$ から $0.1 \text{ cm d}^{-1} (10^{-6} \text{ cm s}^{-1})$ まで大きく変化するが，透水係数の大きな土でも代掻きをして水田として利用すると，1日の浸透量(近似的に透水係数と等しいと考えた)は1 mm未満から数十 mm の範囲に入ることが多い．ただし，1日に数十 mm も水が必要とされるような水田はザル田といわれ，膨大な量の水の手当が難しいので水田としての農業利用には適さない．第2の目的は，代掻きをすることにより土が軟らかくなり，田植え作業と根づき(活着という)を容易にすることである．第3は攪拌することにより，春先に芽を出してきた雑草を防除するという役割がある．そして4番目は均平である．水を張って土を攪拌するので，高いところは水面から土が顔を出すように

地表面(田面)の状況がわかる．そこで，代掻きに均平作業を加えることにより，水田の表面を平らにすることも行われる．

### 7.1.5 水田の土壌断面

わが国の一般的なそして世界の伝統的な稲作国家では代掻きと田植えという農法を採用している．代掻きを行った水田では，まもなく田植えが行われ，湛水条件下に保たれる．湛水により土と大気とのガス交換が行われなくなることで，呼吸に酸素分子を使う好気的な土壌微生物は土中の酸素を消費してしまい作土(代掻きをした層)は還元的な状態に変化する．ただし，湛水中では藻類が繁茂し，日中盛んに光合成を行うことにより，湛水中の溶存酸素濃度は，昼間は過飽和になる．また，土壌表面には光合成細菌が生息している．このようなことから，土壌表面の数 mm から 1 cm は酸素が供給されて酸化状態にある(図7-3)．酸化状態にある土は薄い茶色をしている．還元状態が続くと土は青みがかった灰色になる．作土の下には耕盤(すき床)層があり，畑の場合と同様に農業機械を支持する役割がある．耕盤は畑では排水不良や根の伸長の阻害要因になるが，水田ではこのような問題は起こらない．耕盤より下の下層土は，どのような条件下で水田が作られたかを物語っている．つまり，

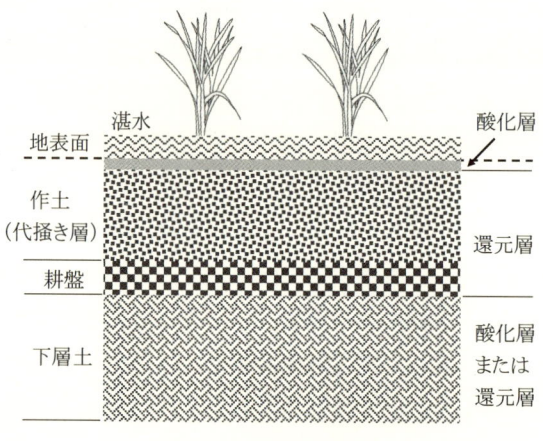

図7-3 水田の土壌断面

もともと地下水位が高い土地に造成された水田下層土は酸素が供給されないため強い還元状態にあり，青灰色を呈する．一方，昔は畑で，灌漑用水が得られるようになって開田された水田では，下層土は畑のときと同じく酸化状態にあり，土は褐色をしていることが多い．これは非灌漑期には下層土まで酸素が供給されることと，下層土には微生物数が少なく湛水期間中に酸素がすべて消費されることがないためである．

## 7.2 水田の1年

### 7.2.1 水田の四季

　稲作は北海道から沖縄まで行われており，田植えや収穫時期の地域差は大きい．ここで紹介する水田の様子は関東地方で見られる1例と理解して欲しい．冬が終わり春になると，水田は湿った状態で温度が高くなるために様々な雑草が芽を出し始める．そこで，3月になると，春起こしといって雑草防除を兼ねた耕起が行われる．4月には，農家はビニールハウス内の苗代に種籾を播く．4月末の連休が始まる頃，水田地帯の幹線用水路は水を満々と湛えて流れている．農家は用水路から水田に水を引き入れるとともに，代掻きを始める．あちこちの水田でほぼ一斉に代掻きが行われるため，短期間に非常に多くの水が必要とされる時期である．代掻きが行われた直後の水田地帯を飛行機から見た欧米人の中には洪水と思う人もいるという．水を張った水田では浸透が起こる．この水量は多くの水田では1日5 mm以下である．代掻きにより透水性が変化するという性質が土になかったならば，水田は非常に限られた地域にしか存在しなかっただろう．

　水田に水を張ると地温が速やかに上昇することが知られている．水が光を通し，熱容量が大きいことがその理由である．亜熱帯原産のイネが北海道で栽培できる理由の1つは，湛水による地温の上昇である．水田の地温が低い朝方に水を入れ，日中は冷たい水を水田に入れないことも行われている．

5月の連休に入ると，稚苗（草丈が12〜13cm）を用いて田植えが行われる．田植え時は草丈が小さいので湛水深を2〜3cmの浅水とする．イネは，初めは大変か弱いが，根を張り茎が伸びるにつれたくましくなる．水田は水を張ったままの連続湛水灌漑である．イネは分げつにより茎を次々と増やしていくが，多数の茎がほぼ出終えた6月中旬頃に，中干しといって水田の水を落とす．そのためには排水路側の畦の一部を切り，暗渠がある水田では暗渠の出口を開ける．代掻きをした土は乾くと硬くなると同時に乾燥亀裂が走る．中干しの役割はいくつか指摘されているが，土壌と水の管理からは，中干しによって地表面にできた亀裂を利用して排水を促進させることである．収穫期の秋に雨が続くと土は軟らかくなってコンバインが田に入れない．そこで，収穫期の残水を迅速に排水し，地表面を乾燥させて硬くする能力を中干しによりつけておくのである．水稲栽培を雨季の雨に頼る東南アジアの天水田では，中干し後に雨が十分に降る保証がないため，中干しという習慣はない．約10〜15日間中干しを行った後，水田に再び水を張る．しかし，今度は常に水を張っているのではなく，3日間湛水し，5日間排水状態にするといった間断灌漑を行い，中干しでできた亀裂の機能を維持させる．稲穂が黄金色に変わる頃，収穫の約3週間前に暗渠の出口も開けて完全に水を落とし，コンバインが水田に入れるよう地表面を十分に乾かし，9月の中下旬に収穫する．稲刈りが終わった水田は稲ワラが散乱している．そこで，10月中旬に稲ワラを土中に鋤込む作業を行う．その後田んぼは，雨が降れば湿り，晴天が続けば乾くことを繰り返しながら冬を経過し，再び春を迎える．

### 7.2.2 水田の水収支

水稲栽培を行う際に必要とされる水は次のようにして決まる．苗代は本田面積の1%程度であり稚苗までの約3週間の育苗期間に使われる水の量はほかの項目に比べたら無視できる．代掻きは日単位の作業で，必要とされる水量は80〜120mmに達し，水稲栽培期間中の最大の日使用水量で

ある．1 ha の水田では 800 t〜1,200 t もの水が使われることになる．開発途上国では，1 本の用水路が受け持つ水田面積が多い割に用水路の流量が少ないため，代掻きが長期間にわたり，その間にかなりの浸透損失が見られる地域もある．田植え後の湛水期間中は，浸透量に水面蒸発量とイネの葉面蒸発量を加えた水量が毎日水田で必要とされ，日減水深といわれる．多くの場合は 1 日 10 mm 未満である．日減水深は水田に物差しを立てて定時に値を読むことによって簡単に測定ができる．田植えから落水までの間，水田は約 100 日間湛水下にある．日減水深を 10 mm とすると，湛水期間中に約 1,000 mm の水が必要とされることになる．しかし，灌漑用水として有効に利用することができない大雨や農薬散布のための水管理に必要な水もあることのほか，沖積平野の中流部の水田では浸透量が多いことなどから，個々の水田について見ると，かなり多くの水が使われており，雨と用水路からの取水量の合計は，大まかに 2,000〜3,000 mm である．

図 7-4 は利根川水系の水田調査で得られた水田の水収支の例である．田植えから刈り取り前の落水までの灌漑期間が 120 日あり，その間の取水量は 1,800 mm，雨が 900 mm ある．一方で地表排水が 660 mm もある．

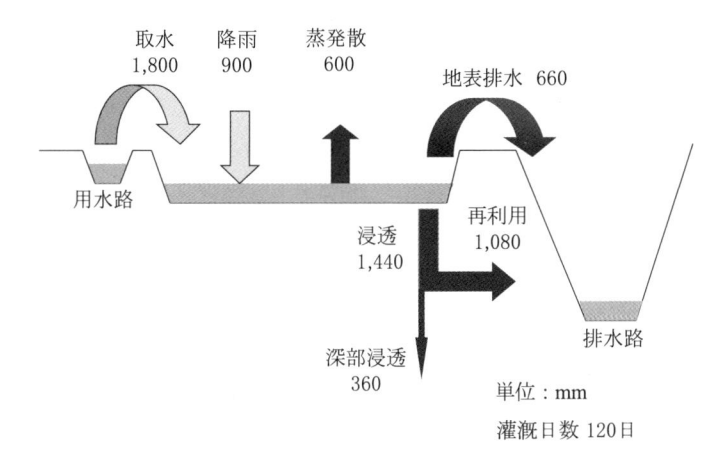

図 7-4 水田の水収支

通常は稲の生育に障害のないように5cm程度の湛水深を保ち多量の雨は排水するからである．また，薬剤散布をする際にも地表排水を行って，雨が降っても水田から水が溢れて農薬が水系に流れないようにするので，地表排水が必要となる．数値だけ見ると灌漑期間の降雨量は蒸発散量(600 mm)を上回っている．しかし，蒸発散は毎日生じているのに対し，雨は気まぐれに降るため，灌漑が必要なのである．浸透量の1,440 mmは水田では土中の貯水量の変化はないとして，水収支式から計算によって得た値である．浸透した水量のうち360 mmの深部浸透量が地下水涵養に結びつき，1,080 mmは下流で河川に戻り再利用される．利根川のような大きな流域単位で見ると，水田で消費される水量は蒸発散量と深部浸透量の和となり，大変少なくなる．上流の水田で使用された水が再び河川に戻り下流の水田で再利用されるという，用水の反復利用の繰り返しは，川の流れに沿って発達したわが国の水田地帯の素晴らしい点でもある．このように水田で使われる水量とその意味を考えると，水田は畑よりもたくさん水を使うのは事実ではあるが，無駄遣いしているというのは難しい．

## 7.3 水田が畑と異なる点

### 7.3.1 土の物理性

　水田と畑の大きな違いは，栽培期間中に水を張っているかどうかである．それは，イネという作物が湛水を必要としているのではなく，栽培法が必要としているのである．畑状態で栽培する陸稲は水稲と比べて収量が低く，ほかの畑作物と同様に連作障害も生じる．したがって，イネの生育期間中に湛水状態を確保できる水量があれば水田でイネを栽培する．そして水田のイネ栽培では，畑作物では極めて重要とされる土の保水性，透水性，土の硬さなどの土壌の物理性は問題にならない．湛水状態ではイネの根が集中する作土は水で飽和しており，下層を含めて土壌水分が変化することはない．イネの根も呼吸はしているが，酸素を土壌空気から

取り込むのではなく，植物体内部の通気組織を通して大気から酸素を取り込んでいる．水で飽和した土は軟らかいため，収穫のためにコンバインを田の中に入れるには，土を乾燥させて硬くするといった物理性が問題になるが，人力で収穫するときにはこのような問題も生じない．一方，湛水状態下では水はもっぱら下向きに移動するし，大気と土壌とのガス交換が遮断される．このような状態が毎年約 100 日間以上も生じるということで，特定の有害な土壌微生物が極端に増殖することがなく，水稲は無限の連作が可能となる．水田土壌では湛水により畑土壌とは異なった状況が人為によって作り出されているといえる．

### 7.3.2 水稲の根

　水稲は一般に干魃に弱く，水飢饉になったとき大きく減収する．図 7-5 は水稲（熱帯の高収量品種 IR36）を水田と畑で育てたときの開花期の根長分布を示している．横軸の根長密度とは，1 cm$^3$ の土中に含まれる根の長さを表す．水稲根の分布を第 9 章に示す畑作物の根と対比させて見ると，次のような特徴がある．1 つは浅い部分に根が集中していることであり，図の(a)では全根長の 90% が深さ 10 cm 以内に入ってしまう．もう 1 つは，イネは分げつするために根長密度が非常に大きいことである．また，同じ品種であっても，水田状態で栽培するよりも畑状態で栽培した方が，根長密度が大きくなる．ここからは科学的に調べたわけではないが，水田で栽培すれば水の心配はなく，次項で述べるように養分を

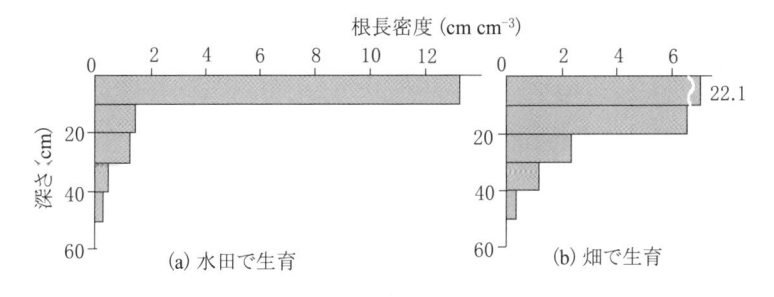

図 7-5　水稲根の分布

得やすい．一方畑栽培では，水と養分を得るためにイネはできるだけ大きな土の体積を確保するべく根量を増やす必要がある．つまり畑栽培では根により多くの養分を回さざるを得ないため，籾に回す養分は減らさざるを得ない．

### 7.3.3 水稲の養分吸収

水田において水稲は，窒素やリン酸，カリをどのようにして獲得しているのであろうか．地力といえば，窒素というふうに窒素肥料は植物の生産力をめざましく高める．見方を変えれば，地球上の自然植生は窒素が制限要因となった生育を示しているということもできる．マメ科植物が窒素固定菌(根粒バクテリア)と共生していることはよく知られているが，湛水下の水田では藻類が窒素を固定し有機物として蓄えるほか，地表面近くには窒素を固定する細菌もいることが知られている．これらの有機物や稲ワラのような作物残渣は土壌微生物により分解され二酸化炭素はもちろんのことアンモニウム塩を放出する．化学肥料には，硫安のようなアンモニウム塩と尿素のようにアンモニウム塩に形態変化する肥料が多い．アンモニウム塩は畑のような酸化状態では好気的微生物により硝酸塩に変化する．一般に畑作物は硝酸態窒素を好むのに対し，水稲はアンモニア態窒素を好むが硝酸態窒素も吸収するという特徴がある．アンモニア態窒素は $NH_4^+$ であるので負荷電を持った粘土粒子に吸着され，浸透水と一緒に流れ去ってしまうことはない．一方，硝酸態窒素は $NO_3^-$ であるので粘土粒子には吸着されずに浸透水とともに流れる．水田土中の窒素の形態変化と移動を示した図6-4を参考に，水田土壌の酸化還元状態との対応で見ると，地表面に散布されたアンモニウム塩は表層の薄い酸化層で硝酸塩に形態を変え，浸透水とともに流下して還元層に入る．しかし，硝酸塩が酸素分子のない還元層に流入すると，硝酸塩の酸素をエネルギー源にして窒素ガスを発生させる脱窒菌という微生物が活躍し，硝酸塩を消費する．したがって，水田地帯では畑作地帯と異なり，硝酸塩による地下水汚染はほとんど見られない．水田農業が環境に

優しい理由の 1 つである．しかし，窒素肥料の一部がイネに吸収されずに無駄になっていることも事実である．一方，アンモニウム塩を還元層に投入すると，アンモニウムイオンは粘土粒子に吸着されて土中にとどまりイオン交換によりイネの根に吸収されるため施肥効率が向上する．そして，環境問題に関心が高まった 1970 年代には側条施肥として普及し，施肥効率ばかりでなく環境汚染の防止にも寄与している．

リン酸肥料は土中ではアルミニウムや鉄と結びついて難溶性となり植物に利用されにくい．ところが，湛水をすることにより，土壌の pH は酸性から中性に近くなるので，リン酸の一部は植物に利用されやすい形態に変化する．さらに，カリは灌漑水によって必要量の一部が供給される．以上のように，水田は湛水することにより，畑状態よりも肥沃な状態に保たれる (久馬，2005)．

昔から東南アジアの人口密度は非常に高いが，その理由は，湛水にすることにより藻類や窒素固定菌由来の窒素が付加され，肥料を与えなくても 1.5〜2.0 t ha$^{-1}$ の収量が得られたからといわれている．吉田 (1979) によると，近代化以前のヨーロッパのコムギやオオムギの収量が約 1 t ha$^{-1}$ であり，しかも 3 年に一度は休閑する輪作である．このような点を考慮すると，連作が可能な水稲の人口扶養力が大変大きいことが理解できる．

### 7.3.4 水田から発生するガス

畑では，有機物の分解と根の呼吸に伴う二酸化炭素の発生が主である．一方，湛水条件下の水田ではどのようなガスが発生し，放出されるのだろうか．湛水により大気とのガス交換が遮断され嫌気的な状態になっているので，微生物の分解に伴う二酸化炭素の発生は畑よりも少ない．代わって，窒素ガスや一酸化二窒素，メタンの発生が認められている．脱窒とは硝酸塩を窒素ガスに還元する一連の過程であるが，その過程で窒素ガスまで至らずに一酸化二窒素の段階で止まってしまうと一酸化二窒素が出てくる．一方，より強い還元状態となると土中の二酸化炭素を消費して

メタンを作り出すメタン生成菌が活躍する．メタン生成菌は地球の大気に酸素がなかった太古から存在しており，古細菌と呼ばれる．土中で発生し水に溶解していたメタンは根に吸収され通気組織を通って大気に放出されるのが多いという．したがって，温室効果ガスの発生から見ると水田は環境に負荷を与える．メタンは強還元状態で生じるので，中干しや間断灌漑を行って還元状態を弱めるとメタン発生量は減少するが，今度は一酸化二窒素の発生量が増えるという．水田の水管理もなかなか難しい．

水田は1年のうち湛水期間の約100日以外は畑と同じ状態で経過する．したがって，この期間のガスの発生は畑と似ていると考えられるが，水田はもともと水はけが悪いことを考えれば，量的には少ないとしても，メタンや一酸化二窒素の発生があるだろう．

## 7.4 多様な水稲栽培

わが国の慣行水稲栽培は，代掻き・移植体系であるが，図7-6に示すように多様な栽培法がある．稲の栽培には，気象，土壌，品種に加えて労働力や収量目標という条件があるため，特定の地域に特徴的な栽培法も多い．直播栽培は省力化に結びつくため，わが国においても，今までに数回試験研究が行われてきたが，普及には至っていない．わが国に特徴的なのは田植機の開発であり，直播が普及しなかった原因ともなっている．収量の安定性は直播よりも

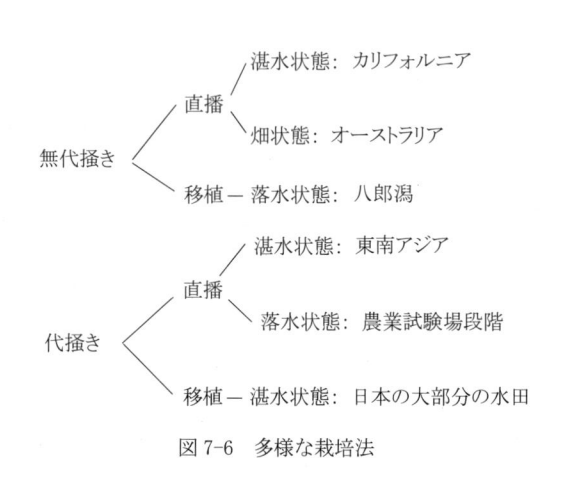

```
               ┌ 直播 ┬ 湛水状態：カリフォルニア
         無代掻き ┤    └ 畑状態：オーストラリア
              └ 移植 ─ 落水状態：八郎潟

               ┌ 直播 ┬ 湛水状態：東南アジア
         代掻き ┤    └ 落水状態：農業試験場段階
              └ 移植 ─ 湛水状態：日本の大部分の水田
```

図7-6 多様な栽培法

移植が優れている．もし，一戸の水田耕作面積が増え，それを家族労働で行おうとすると，直播が増えるだろうといわれている．それは，田植えのための育苗箱が非常に多くなり，その管理が難しくなるためである．

無代掻きの直播では浸透が少ないことが必須である．無代掻き・直播・湛水状態のカリフォルニアの栽培法は畑を湛水し，航空機を使って籾をばら播く大規模な農法である．無代掻き・直播・畑状態というのは普通の畑作物の栽培と同じである．出芽後の適当な時期から湛水を開始するので，やはり浸透量が少ないことが必須である．一方，八郎潟で一部の農家が実施している無代掻き・移植・落水状態の栽培が必要とする条件は，漏水量が少ない水田であることに加え，田に水を入れることで作土が水を含んで軟らかくなる土であることが必要で，八郎潟がスメクタイト系の重粘土だから行える栽培技術である(写真 7-3)．東南アジアでは労働力不足により 1980 年代に急速に代掻き・湛水直播が広がった．また，代掻き・直播・落水状態というのは，代掻き後に落水して軟らかい土中に籾を播種する方法で，栽培法の 1 つのオプションとして行われている．

写真 7-3　無代掻き移植栽培(八郎潟)

## 7.5　水田と環境

### 7.5.1　国土保全機能

現在，農業問題は TPP(Trans-Pacific Partnership)や FTA(Free Trade Alliance)で議論されているが，今から 20 年前の 1993 年に貿易と関税に関する一般協定(GATT)ウルグアイラウンドが締結された．交渉が難航したのは，EU が農産物輸出のための補助金を廃止すると，価格でアメリカの

農業に負けてEU農業は壊滅的な状況に陥るという点にあった．そこで，農業生産を奨励する政策に対する補助金を禁止する一方で，農業の持つ農業生産以外の価値，多面的機能に対して政府が所得を保障することは認められた．EU は畑を対象に，農地が有する野生生物の生息や生物多様性，景観の価値を主張した．一方わが国は，水田農業の持つ国土保全機能の価値に着目した．水田がほとんどない OECD 各国に，この機能を理解してもらうのには苦労したが，多面的機能について考えるよい機会となった．水田の国土保全機能については次のような項目がある．

1 つ目は洪水調節機能である．圃場整備が行われた水田は高さ約 30 cm の畦で囲まれているので，降雨前の湛水深が 5 cm とすると，25 cm の水を貯留する余裕がある．この水深はダムの水深と比べものにならないほど小さいが，一方では，水田は広大な面積を有しているので，貯留可能な水量はばかにならない．このようにして，水田の持つ洪水調節機能が評価された．

2 つ目は地下水涵養機能である．河川に沿って水田を見ると，下流部の低平地に比べて中流域の扇状地の土は粗粒であり，浸透量が多い．例えば 1 日 10 mm の浸透が灌漑期間の 100 日間続くと，浸透による地下水涵養量は 1,000 mm となる．わが国は，水田の灌漑用水源として地下水をほとんど使っていないので，涵養された地下水は都市用水などに利用されることになる．一方，下流域の水田ではほとんど浸透が生じないので地下水涵養機能は小さい．

3 つ目は傾斜地を農業利用する際に，棚田は畑に比べて斜面を保全する土壌保全機能がある．播種前や収穫後の地表面が作物の葉で覆われていない時期の畑に強雨があると，雨滴が地表面を直接叩き，細かくなった土塊が剥離して斜面に沿って泥を巻き込んだ濁水が流出する．土壌侵食である．一方傾斜地にある棚田では，例えイネがない時期でも土壌侵食は起こさない．それは，雨滴が地表面を叩き土塊を細粒化するのは畑と同じであるが，畦で囲まれているため，そのうちに湛水が生じ，雨滴が地表面を直接叩くことがなくなるためである．さらに，多量の雨が降っても

棚田は崩壊することなしに下流部に過剰な水を徐々に放出するという機能も有している．このことは，山の上流部の棚田地帯から濁流が流れて下流部に被害が及ぶことが今までなかったという棚田の歴史が証明している．以上の国土保全機能のほか，水田が主体の農村はわが国の伝統文化を継承していることや棚田の景観に価値を認める人もいる．

### 7.5.2 水質浄化機能

湖などの水系の窒素とリン濃度が高まりアオコが発生し，湖の魚が死ぬという富栄養化が注目され環境問題となった1970年代には，水田も富栄養化の発生源として矛先が向いた．霞ヶ浦の水質汚濁を研究していたグループは水田に入る窒素と水田から出ていく窒素の収支に着目していた．そして，流入する窒素が多い水田では水田を通る間に窒素が除去（イネによる吸収や脱窒）されることを発見した．この研究はさらに発展し，畑作が行われている台地の下に開けた谷津田の長さ25 mの休耕田を使って湛水田の持つ窒素除去機能が長期間調べられた．台地では畑作が行われ，台地の下部の谷頭からは硝酸態窒素濃度が20 mg N L$^{-1}$の地下水が周年谷津田に供給されている．図7-7は8年間の調査結果を示している．窒素除去能は試験開始時よりも低下しているが，それでも後半年の窒素除去量の

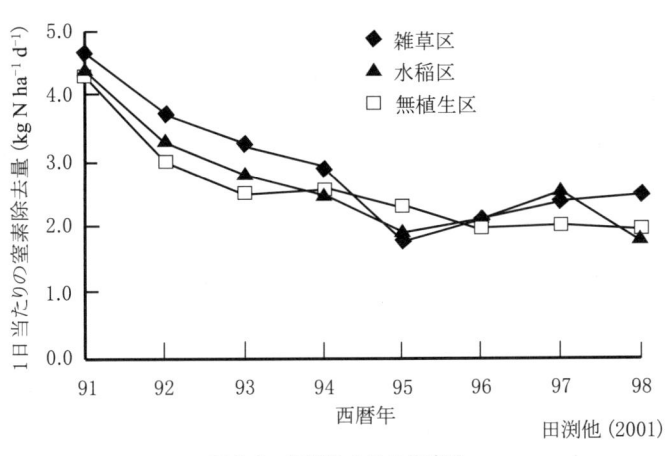

図7-7 窒素除去量の年変動

平均値は1日1ha当たり2〜2.5kgとなっている．いずれの処理区でも脱窒が生じているが，雑草区は雑草による窒素の吸収と分解による放出が，水稲区では水稲による吸収と分解による放出に加え収穫物による持ち出しがあり，無植生区では藻類による窒素吸収と分解が加わる．しかしながら，植生の有無による影響はそれほど顕著ではないようである．年間の窒素除去量は700〜900 kg ha$^{-1}$にも達する．この窒素量は畑作物栽培に必要とされる窒素が100〜150 kg ha$^{-1}$であることと比較すると，湛水田の窒素除去能力の高さがわかる．水田はイネを作る場であって汚染浄化装置ではないが，上流に畑，下流に水田といった地形的なつながり(地形連鎖)がある場所では水田の水質浄化機能の発揮が期待できることを示している．

### 7.5.3 生物多様性

20世紀の後半の圃場整備は水稲の生産性の向上と省力化を目的として行われ，水田生態系における生物多様性についてはほとんど配慮されてこなかった．しかし，生物多様性条約が1992年の環境開発会議(地球サミット)において157ヶ国によって署名され，「自国の生物多様性の保全と持続開発可能な利用について責任を有すること」が確認された．わが国においては1995年に「生物多様性国家戦略」が決定された(2002年に新・生物多様性国家戦略に改訂)．また，1994年の環境基本計画の4つの長期目標の1つとして「健全な生態系の維持，自然と人間の共生」が掲げられた．さらに，1999年の食料・農業・農村基本法においては環境保全型農業の推進や農業・農村の持つ多面的機能の重視が農政の柱として掲げられた．このように，生物多様性が私たちにとってかけがえのないものとして関心事となったのは1990年代に入ってからである．

そもそも里山や水田生態系は2次生態系といわれ，自然生態系とは異なっている．伝統的農村の自然としての水田生態系は，人の管理が入る以前に存在した河川の広大な後背湿地の代替的役割を果たし，特有の生物相を育んできた．この生態系を破壊してきた原因には，農薬の影響がよく知られているが，水田を利用する生物の生息環境まで頭が回らずに

効率一辺倒で突っ走ってきた圃場整備の影響も大きい．現在のように田に接する水路が用水路と排水路が分離される以前の用排兼用水路では，水路と地表面との高低差は小さく水生動物が田と水路を自由に行き来していた．水は用水路を通って田に入るが，魚類は排水路から田に入る．現在の排水路は，水田の排水性を改善するために，地表面から排水路底までは 1 m を超える．これでは，トノサマガエルも飛び上がれない．昔から非灌漑期には用水路に水がないが，排水路も整備されたことで非灌漑期には水がなく，周年水が溜まっているよどみとの連続が絶たれてしまった．そこで近年では，水田圃場整備の一環として水生生物の生息空間(ビオトープ)の確保についての取り組みも行われてきている．コメの生産と生態系の調和は今後ますます重視されるだろう．

## 7.6 汎用農地

### 7.6.1 なぜ汎用農地か

　汎用農地とは，水稲作にも畑作にも使う水田のことであり(写真 7-4)，コメの過剰と一般畑作物の極端に低い自給率の向上を目指す中で 1980 年代に広く使われるようになった用語である．水田に畑作物を栽培(水田畑作)することは目新しいことではなく，在来の農法の中にも見いだすことができる．1 つは 1 年の中でサイクルが完結する作付け体系で，温帯に

写真 7-4　汎用農地(手前はダイズ，奥は水稲)

見られるイネームギ栽培や熱帯における雨季稲作とそれに続くマメ栽培のような多毛作が相当する．わが国では1960年頃までは，水田では裏作ムギが栽培されていたし，緑肥としてレンゲも栽培されることが多かった．もう1つの作付け体系は汎用農地が目指す田畑輪換であり，アメリカやオーストラリアなどの畑作が主要な農業地域の水田では普通に見られるが，古くから伝統的にイネを栽培してきた地域では大々的に行われたことがない．その理由は，水田の造成には多大の経費，労力がかかり，そこでは水稲が最も有利な作物であること，水稲には連作障害がないことがあげられている．

1970年代後半から始まった汎用農地（当時は転換畑といわれた）の研究は，技術的には多くの問題を解決してきたが，価格競争では外国産の安い農産物には太刀打ちできず，2007年の自給率はコムギが14％，ダイズに至っては5％しかなく，家畜の飼料もほぼ全量輸入である．また，アジアモンスーンの開発途上国においてコメの自給が達成された後，生活水準の向上に伴って多様な作物や動物性蛋白の需要が増え，水田畑作の必要性が増すと予想された．そのため，水田の汎用化は一大農業革命に発展する可能性があると期待されたが，経済のグローバル化により，開発途上国も自給政策が後退し，安い農産物を輸入する方向にある．

### 7.6.2 汎用農地の諸問題

汎用農地の問題には畑作物の品種，畑作と水田作の輪換年数，土壌の肥沃度などいくつかあった．水田から畑に転換する際の農地の問題としては，代掻きによって土を練り返して構造を破壊した作土は透水性が悪く水溜まりができやすいことや，練り返した土を耕起，砕土してもごろごろの土塊になってしまい，土と種子との接触が不十分で種子が十分に吸水できずに出芽不良になりやすいこと，透水性が悪いため天気が続くと地表面付近だけが過度に乾燥し，特に幼植物は水不足に陥りやすいこと，そして乾燥した畑に雨が降ると乾いた土塊が水を吸って崩壊し，土と大気とのガス交換が不良となるという問題もあった．逆に畑から水田に

転換する場合には，代掻き層を再生することになるが，透水性が思うように低下しない，水稲作のときに代掻き層の下にあった耕盤が破壊されているため，田植機が上下して田植え精度が落ちるなどの問題が生じた．このようにいくつかの問題がある中で最大の問題は畑に転換したときの水溜まりの排除と呼吸のための気相率を確保するための排水であった．わが国は1960年代に水田農業の機械化を進めてきた．そこでの最大の問題は，収穫期に地表面が乾燥せず軟弱で機械作業が困難ということであり，暗渠を含めた排水の研究が行われていた．そのため，次章に取り上げるように，汎用農地の排水問題は水田の暗渠排水の延長上に推進された．

---

水田では様々な土壌，水管理が必要とされる．これに栽培管理が加わることで安定的な，そして高収量イネ生産技術をわが国は確立してきた．このように，手間暇をかけて水田を維持することで，伝統文化や景観を含めた多面的機能も維持されてきた．水田地帯特有の生態系を維持するには，田んぼをイネ生産の場のみではなく，周囲に生息する動植物に対する気配りも必要である．独立国として，国民に食を十分に供給できるという安心感は何事にも代え難い．

## コラム：イネという作物

　イネの発祥の地はアフリカといわれ，栽培イネにはアフリカイネ (*Oryza glaberrima*) とアジアイネ (*Oryza sativa*) とがある．アフリカイネはニジェール川流域が起源地とされ，栽培もこの地域に限られている．したがって，イネというとアジアイネを指すことが多い．イネには畑状態で栽培する陸稲，わが国で普通に栽培されている水稲に加え，湛水深が 50 cm でも生育する深水稲，さらには湛水深が数 m に達しても生育する浮き稲がある．2011 年にタイで洪水があったが，バンコクからアユタヤ付近は，上流にダムが建設される前は浮き稲地帯である．タイの洪水は人までも飲み込むという感覚ではなく，水位の上昇に浮き稲の桿(茎)が伸びるスピードが追いついていける洪水である．アジア栽培イネの起源地は稲作文化とも関連し，古くから研究の対象となってきた．現在では揚子江の中流域で今から約 1 万年前にイネが栽培された遺跡が見つかっており，中東でコムギ栽培が始まった時期とほぼ同時である．また，水稲は焼畑で使われていた陸稲から選抜されたという見解と，湿地に自生していた多年生のイネから選抜されたという見解が見られる．イネがわが国に伝播した年代は，考古学による発見で次第に古くなってきており，大体 3,000 年前である．以来，イネの栽培は営々と続けられてきたが，いつの時代にあっても生産量は十分ではなく，イモや雑穀と魚介類を主とした生活であった．日本国民がたらふくコメを食べられるようになったのは，1967 年にコメの完全自給が達成されて以来の，半世紀に満たない，長い歴史の中ではほんの最近のことである．

# 第8章 暗渠排水

　農業を行っていくには水は不可欠であり，足りなくても過剰でも問題が生じる．灌漑は水源が確保できれば，農地まで水を引き適切に水を与えるという制御技術の問題になる．一方，排水の必要が生じるのも自然現象であるが，足りない水を補給するよりも有り余った水を排除することの方がはるかに難しい．これは，排水には土中の水移動という制御が難しい問題が含まれることに起因する．農地の排水には，過剰な雨水を地表面流として排除する地表排水と，作物にとって過剰な土中の水を排除して気相率を上げることを目的とした内部排水とがある．降雨の大半は地表排水によって排除される．本章で対象とするのは内部排水であり，排水路の掘削や暗渠管の埋設により促進される．暗渠排水はもともと畑の排水改良を目的として西欧で発展した．ところがわが国では世界で唯一，暗渠が水田の排水改良に導入され，その過程で暗渠の考え方は一変した．水田の暗渠排水はさらに汎用農地における排水技術へと展開していった．畑の暗渠が水田，汎用農地を対象としたとき，どのような変更が行われたのかを見てみよう．

## 8.1　畑の暗渠排水

　今から約130年前，クラークと同時期に札幌農学校で農業を教えたブルックスの講義内容は新渡戸稲造などのノートによって知ることができる(高井，2004)．ブルックスは札幌の気象条件から畑の灌漑よりも排水に重点を置いて講義をしている．特に暗渠排水については詳細に説明しており，当時の畑暗渠排水技術は現在でも通用する．実用的な技術はずいぶん早くに確立されていたようである．また，札幌のような北国では春先の地温が作物栽培を制限する．ブルックスは暗渠には排水を促進させて土の熱容量を下げ，地温を上昇させる役割があることも指摘している．

## 第8章 暗渠排水

　地下水位が高いと畑作物の生育が悪い．これは地下水面近くでは十分な酸素が行き届かずに根の発達が抑制され根張りが浅くなるためである．根張りが浅いと作物は限られた深さの養分しか吸収できず生育が劣ることに加え，無降雨が続いたとき，今度は水不足となって干害を受ける．想像を働かせながら畑の排水がどのように発展してきたかを考えてみる．最初は畑の周りに水路を掘って地下水位を下げることにより作物の生育を健全化しようとした．ところが，排水路近くでは生育はよくなったものの排水路から離れると生育は相変わらず悪かった．そして，排水路が生育の改善に及ぼす距離は砂分の多い土では長く，粘土分の多い土では短いこともわかった．そこで，排水路に直交して一定の間隔で暗渠管を埋設し，集めた水を排水路に流すようにすると，畑作物の生育が向上する面積が飛躍的に増大した．暗渠管は，当時も今も，素焼の土管で作られており，数十cmの長さの土管を1列に並べた隙間から土管内部に水が入る．現在では素焼土管に加え，側壁にたくさんの穴のあいたプラスチック管も用いられている．

　暗渠排水により作物の生育がよくなったわけであるが，暗渠を巡って2つの考え方が別々の道を歩んだ．1つは，暗渠の間隔と深さをどのようにして決定すればよいかといった技術的な課題である．ダルシーの法則や質量保存則といった土中の水移動の基本式は19世紀半ばには明らかになっており，理論面での研究が行われた．理論的な研究からは図8-1に

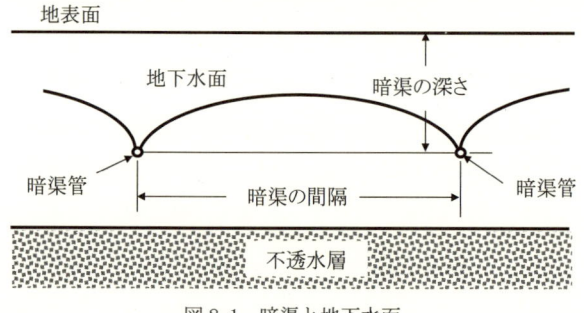

図8-1　暗渠と地下水面

示すような暗渠の深さ，間隔と地下水位の関係などが得られることになった．重要な発見は，暗渠管を深く埋設すれば，暗渠と暗渠の間隔を広げられるということである．

　もう1つは，地下水位と作物生育に関する研究である．多くの畑作物は水中に気泡として空気を十分流し続ければ水耕栽培ができるように，水そのものが害になるわけではない．地下水位が高いと根が呼吸で必要とする酸素供給速度が不足するためである．しかし，酸素供給速度は測定できないため，第3章で述べたように，気相率，土中の酸素濃度，ガス拡散係数を指標として湿害の研究は発展してきた．酸素濃度やガス拡散係数は科学的に意味のある指標であるが，これらの値の持つ意味を農家や暗渠施工技術者が理解し，畑で実測できなければ実用的な意味を持たない．畑暗渠排水の現場では，昔から実測が容易な地下水位が湿害回避のための指標として使われてきており，今も変わりない．それは，第2章の水分特性曲線を見ればわかるように，地下水位を下げれば気相率が増え，気相率が増えればガス拡散係数が増えるからである．図8-2に湿害回避の指標を示す．科学研究は右から左に進み真理の探究を目指す一方で，実用技術は依然として一番右にある．自然の畑ではなく，植物工場のような場合にはより左側の物性値を指標として，実測値が可能な気相率を用いて制御が行えるであろう．農学と農業のゴールが必ずしも一致しない例である．

　　　　　　科学的　　　　　　　　　　　　　　実用的

　　　酸素濃度 ⇄ ガス拡散係数 ⇄ 気相率 ⇄ 地下水位

　　　　　　　図8-2　湿害を回避するための指標

　以上のように畑暗渠排水において地下水位は重要な指標であるが，地下水位がない畑では作物の生育は阻害されない．その結果，暗渠はできるだけ深く入れるのが好ましいことになる．しかし，暗渠管の深さは排水路よりも高くして排水路に向かって緩い勾配を持たせないと水が思うように流れず暗渠管に泥が溜まるという制約から，暗渠管の深さは決定

されてきたというのが実際であろう．そして，土中水の移動理論から，畑の地下水の高さは暗渠の間隔を変更することにより決定したと想像できる．実際のところはわからないが，過去を振り返れば，このような道筋で畑暗渠が発達したと思われる．

## 8.2 水田の暗渠排水

　水稲は湛水状態で生育するので，暗渠の目的は畑の地下水位の低下とは異なることになる．水田の暗渠排水の研究と事業は，1961年の農業基本法に基づいて農業の機械化が推進されたことから始まる．水田は水を貯めるために代掻きを行って土の構造を破壊し，細かな土塊にすることで透水性の悪い作土を作ってきた．そして，人が鎌で稲刈りを行っていた時代は，排水性が悪く土がぬかるんでも差し支えなかった．しかし，これでは農業の機械化は望めない．わが国のように収穫時期に雨が多いところでは，降雨後できるだけ早く地表面を乾かして硬くし，地耐力を上げることが農業機械による収穫のために不可欠であった．このような背景により，世界で唯一水田に暗渠を入れて排水を強化したのが日本である．水田では一方では代掻きを行って排水性を悪くし，他方では機械化農業のために排水を促進させるという一見矛盾したことを行っている．したがって，水田の暗渠排水は地下水位を低下させることが目的ではなく，降雨後に地表面に残された水，残水を速やかに排除し，土壌面蒸発により早期に地表面を乾燥させ地耐力を上げることが目的であった．地表面の均平精度が±35 mmとすれば，図8-3に示すように残水の量は35 mmである．

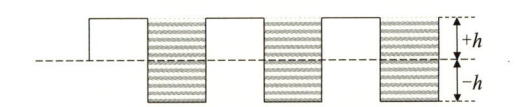

地表面の凹凸が± $h$ mmとすると，残水が残る面積は半分で水深は2倍となるので，残水量は $h$ mmとなる。破線は平均地表面高．

図8-3　水田の残水

## 8.2 水田の暗渠排水

　水田の暗渠についても最初は，畑で発達した暗渠の間隔と深さを決定する土中水移動の理論を応用した．ところが，粘土分が多い水田を対象とすると，暗渠の間隔が数十cmという，非現実的な値しか求まらない．暗渠排水は，土の透水性が悪く地下水位の高い畑の水はけを改良するための技術と思っていたのが，じつは透水性のよいどちらかという砂分が多く地下水位の高い畑の水はけの改良に適用された技術であったことを見落としていたのである．そこで，水田に入って詳細な観察を続けるうちに，粘土分の多い土では，水は中干しのときにできた乾燥亀裂に沿ってのみ流れること，代掻き層と耕盤の間には粗粒な部分があり，水が水平方向に流れるということがわかってきた（田淵ら，1966）．次に，亀裂に沿って流れてきた水を暗渠管にいかにうまく導くかという技術的な壁があった．畑暗渠では暗渠管の周りを水通しのよい材料で包むということが行われていたが，それでは亀裂と暗渠管の連結はできなかった．ここで，稲作農家自らが排出するモミガラを暗渠管の上から地表まで詰めればよいことに気がついた．地表付近のモミガラはその後の耕耘や代掻きで土と混ざってしまうが，作土直下から暗渠管までの水の通り道は確保できる．写真 8-1 は水田に埋設した土管暗渠とモミガラの様子を示している．

　もともと畑においては，内部排水により地下水位を下げて作物の生育を保障するという目的を持っていた暗渠は，水田では地表面の溜まり水である残水を，亀裂とモミガラを通して暗渠管に排除することで地表面を迅速に乾燥させる

写真 8-1　土管暗渠とモミガラ
（田渕俊雄氏より）

という考えに変わった．つまり，水田の暗渠は小さな排水路(明渠)の役割を担うことになった．そして，小さな排水路が土で埋まってしまわないようにモミガラを詰めたのである．このように，残水の排除にとって乾燥亀裂が非常に大きな役割を果たすことがわかった結果，中干しにより亀裂を発生させること，そして発生した亀裂を保全するための間断灌漑を行うことなど，水田の水管理が機械化農業にとって非常に大切なこととなった．現在，フィールドサイエンスと名前を変えて現場の研究の大切さが指摘されている．水田の暗渠排水は，机に座って情報を集めた研究室からの発想ではなく，炎天下の水田を這いずり回って行った地道な調査研究により前進したことは注目に値する．

　水田の暗渠間隔は工事費との関係で10mより狭くすることはできなかった．このことは地表面の残水は最大5m横に流れないと暗渠に達しないことを意味する．そこで，10mの間隔の暗渠では残水が迅速に排除できない場合には，暗渠管に直交するように，2～3m間隔で弾丸暗渠を施工することで，残水の移動距離を短縮させた．これを組み合わせ暗渠という(根岸ら，1972)．弾丸暗渠は図8-4や写真9-1(p.107)に示すように弾丸を支えるスタンダードが通過した際にできる粗大な間隙に残水が流下し，弾丸孔を通って暗渠に流出するのである．弾丸暗渠の代わりに，地表面から30～40 cmまでの土を崩し粗大な間隙を作る心土破砕という手法も用いられる．弾丸暗渠や心土破砕機はトラクターに装着することに

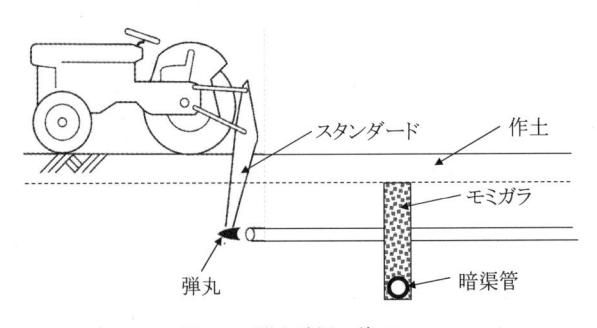

図8-4　弾丸暗渠の施工

より，営農の一環として農家が実施できる．このように，水田暗渠は残水を迅速に排除し，地表面を蒸発で乾燥させるための排水方法であり，残水に相当する 20〜50 mm を 1 日で排除することにした．畑暗渠では地下水位という目標値があったのに対し，水田暗渠では日排水量という目標値に変わった．なお，畑暗渠の出口には栓がなく常時排水路に開放されているのに対し，水田暗渠の出口には水甲と呼ばれる栓があり，中干しと収穫期の落水以外の湛水期間中は水甲を閉めている．図 8-5 に暗渠が施工された水田(汎用農地)の様子を示す．暗渠の間隔は 10 m なので，30 m×100 m の水田には 3 本の暗渠が入る．また，暗渠管に水が流れやすいように排水路側の深さは 80 cm，100 m 先の道路側の暗渠管の深さは 60 cm とすることが多い．図 8-5 には暗渠に直交するように弾丸暗渠が施工されている様子も示している．

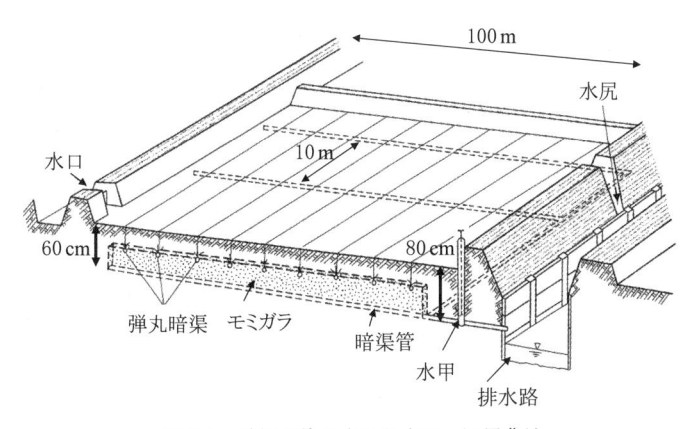

図 8-5 暗渠が施工された水田・汎用農地

## 8.3 汎用農地の暗渠排水

水田にも畑にもなる汎用農地では，水田暗渠の目的である地表面の残水を迅速に排除して速やかに地表面を乾燥させることに加え，畑暗渠排水の目的である地下水位を低下させて根群域を深くするという 2 つの目的を併せ持たなければならないと初めは考えた．畑作物では湛水を避け

なければならないが，残水を1日で排除すれば，畑作物の生育に障害は生じない．ここで，水田の排水で培った組み合わせ暗渠排水の技術が大いに役に立った．見方を変えれば，組み合わせ暗渠を導入することで，土の種類に関係なくほとんどすべての水田を畑に転換することが可能になった素晴らしい，世界に誇れる排水技術ということができる．

畑作物の栽培期間は，地表面は常に大気にさらされているので乾燥が進み亀裂が発達して暗渠排水はより改善される方向に進む．一方の地下水位は，作物の生育を保障するという点では意味を持たなかった．もともと透水性の悪い水田の下層土では，地下水位が暗渠管の深さまで低下しても，下層土はほぼ飽和したままで，気相率とガス拡散という科学的な指標から判断しても畑作物根が必要とする酸素が供給される条件にない．このことは，下層土には根が非常に少ないことの裏返しでもある．それでは，畑作物が生育しているのはなぜかという疑問が生じる．調査事例が少なく断定はできないが，どうも畑作物の根は耕耘砕土された作土では土塊間に一様に分布し，土壁のような下層土では乾燥亀裂や弾丸暗渠，心土破砕でできた粗間隙に発達しているようである．亀裂に発達したダイズの根を写真8-2に示す．暗渠が機能することで，残水が消失する頃には作土や下層土の亀裂に発達した根は大気からの酸素の供給を受け，湿害を回避している．ただし，下層土の粗間隙に入った根の量は少なく，蒸散量の大半は作土に発達した根の吸水によって行われる．したがって乾燥が続くと干魃を受けることに

写真8-2 乾燥亀裂中に発達したダイズの根
（正方形の1辺は10 cm）

なるが，夏に雨の多いわが国では，湿害を回避さえすれば，干害はあまり深刻ではないという気象条件が幸いしている．わが国では，水田の暗渠排水の延長上に畑作物が栽培できる条件があったということである．

最後に暗渠が集める水について補足しておこう．畑暗渠では暗渠は地下水の中にあり，暗渠管を通して地下水を排水路に排除していた．一方，水田や汎用農地の暗渠が集める水は，地下水のときもあるが，多くは重力によって暗渠管に流れ込んできた水である．つまりいずれの場合も暗渠が集める水は大気圧よりも圧力が高い水である．第2章で説明したように，地下水より上の不飽和土中の水の圧力（マトリックポテンシャル）は大気圧よりも小さいので，不飽和土中に暗渠を入れても水は出てこないのである．図 8-6 にこの様子を示した．

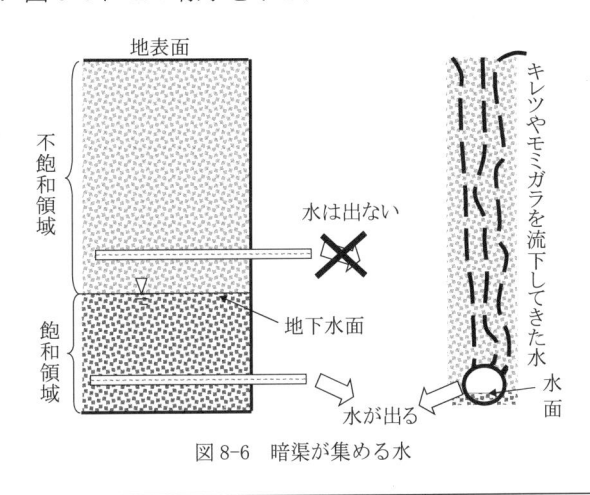

図 8-6　暗渠が集める水

世界的に見ると水不足に対する要求の方が過剰な水の排除に対する要求より広範である．暗渠排水は限られた畑の技術であった．十分な水が不可欠な水稲栽培において，暗渠を入れて田から水を抜いている国はわが国以外にはない．外国人には理解できないことである．西欧の畑で生まれた暗渠排水が，どのような過程を経て，水田に適用され，汎用農地に応用されたかは，農業土木技術の1つの歴史でもある．

## コラム：どちらの水はけがよいか

　グランドの土が礫の上に乗っている場合と，細かい砂の上に乗っている場合を考えよう．雨が降ったとき，どちらのグランドが早く乾くだろうか．図(a)の場合，水が土の下端まで達しても，礫には毛管力が働かず水を吸収しないため，下端の水圧が大気圧よりも大きくなったとき，水滴となって礫の中に水は落下する．そのため，土壌面蒸発によって水を失うまで，土は水をだぶだぶに含む飽和であり続ける．一方，(b)の場合，土の下端まで水が達したとき細かい砂には毛管力が働き，土に含まれる水が吸収されることで土の水分は低下する．このように，水通しがよいと思ってグランドの下に礫を敷き詰めるのは排水不良を招く．

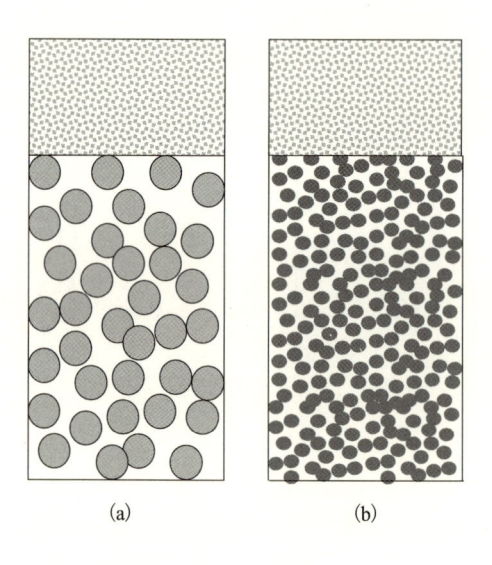

(a)　　　(b)

# 第9章　畑

　土壌物理は畑作農業が主体であるアメリカで非常に発展した．畑では水が不足しても過剰でも問題となるので，土の保水，養水分の移動，大気とのガス交換という問題がこの学問の発展の基礎にあったと見ることができる．物質の貯留と移動を対象とする土壌物理は作物生産との関連で発展してきたが，1980年代からは土が関係する環境問題との関係でも重視されるようになってきた．農業生産においても環境問題においても，畑では土の物理的性質が大きな影響を与える．水が十分にあれば土の物理性がほとんど問題とならない水田とは大きく異なる．

## 9.1　畑の構造

### 9.1.1　畑の形状

　多くの場合，畑は道路や防風林などによって囲まれ，その中は栽培作物ごとに区分して使われることが多い．また，畑はもともとの地形をそのまま使うことが多いため地表面には傾斜があり，平坦な水田と異なって地表排水に苦労することは少ない．しかし，播種前や収穫後のように植生がないときは，雨が地表面を叩き，水が地表面を流れ，それと一緒に土も流れる．したがって，土壌侵食の危険性が畑区画の大きさを決定する要因になる．世界的に見ると，土壌侵食は面積が最も大きな土壌劣化である．土壌劣化とは保水性や排水性といった土の物理的機能，植物に必要な元素のバランスといった化学的機能それに，植物残渣を分解し無機化するといった生物的機能が低下することをいう．

### 9.1.2　畑の土壌断面

　森林を開墾して畑となった土の断面を見ると，最上部の腐植を含んだA層がもともと持っていた土塊とそれを輪郭づける間隙という土の構造が

消失し，耕耘によって細かくなった土塊が一様に分布するか，大きな土塊とその隙間を埋める小さな土塊が分布するというふうに変化している．前者は火山灰土で普通に見られ，後者は灰色低地土でよく見られる．このように人為により変化を受けた A 層を作土といい，Ap 層と表記することは，第 1 章でも紹介した．その下には B 層があるが，A 層が薄く B 層にも耕起の影響が及んでいる場合には，Ap 層には B 層の一部も含まれる．スコップで土に穴を掘ると，土は 1 m 以上続くことが多いけれど，深いところの土は水を多く含むが養分は非常に少ない．このことは大規模宅地造成などで A 層や作土を除いてしまった場所に生えてくる雑草が非常に貧弱なことでわかる．わが国では，畑作土の厚さは 25 cm 以上あるのが好ましいとされている．

### 9.1.3 耕耘と耕盤

　耕耘には，土を細かく砕いて軟らかくし，土と種の接触をよくする，根の伸長を助ける，雑草を土に埋め込むことによる除草といった役割があり，焼畑から現在行われている畑作(常畑)に移行して以来，普通に行われてきた農作業である．しかしながら耕耘は，馬や牛を使用した時代であっても，作土直下には耕盤(鋤床)という硬い層を形成してきた．北海道のようにプラウ耕で作土を反転し，大型の農業機械が走行する畑では作土の下部が硬く締まる．土が硬く締まると，根の伸長を阻害するばかりか，特に粗間隙の消失を伴うため水はけが悪くなり湿害を助長する一方で，雨が地表面を流れるので土壌侵蝕の危険が増す．大型機械で農業を行っている EU やアメリカでは大きな問題となっている．図 9-1 は耕盤の見られる畑の硬度分布を模式的に示している．鉛直方向に連続した土壌硬度は通常，貫入式硬度計を用いて測定される．実際の畑では，硬度は

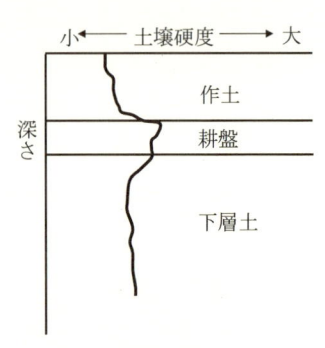

図 9-1　畑の土壌硬度分布（模式図）

常にこのような分布をするとは限らず，耕盤が認められない土層構成となっている畑や浅いところに根の貫入が不可能な母岩が出てくる畑もある．

## 9.2 作物根の分布と水吸収

### 9.2.1 根の分布

植物に興味を持つ人の多くは地上部，すなわち葉や花そして実についてよく知っている．しかし，地下部，つまり根についてはあまり知らない．研究においても，地上部は容易に観察や測定ができるのに対し，根を調べる場合には土を丁寧に掘り上げ，根から泥を落とす作業があり，かつ連続的な観察が難しいということもあって敬遠される傾向にある．特に最近のように研究者が業績の数で評価される時代では，根の研究のような手間隙のかかる研究は人を引きつけない．しかし，根の研究の重要さは地上部に優るとも劣らない．

根の役割で誰しもが最初に思い当たるのが水の吸収であろう．ほかに養分の吸収，風が吹いても倒れないように地上部を支えるアンカーとしての役割，そして，植物によってはある種のホルモンを作ったり，サツマイモのようにデンプンを貯蔵したり，ある種の菌類と共生して養分を獲得するといった役割を持っている．また，植物はいつくるかもわからない干魃でも生き延びられるように非常に多くの根を有している．室内でダイズの幼植物を用いた実験では，全根長の半分を切り取っても蒸散量は低下しなかった．

根の吸水を考えたとき，根の質量，長さ，表面積のどれが指標として適しているかという議論がある．根の質量は測定が最も容易であるが，単位質量当たりの根の吸水量というのは物理的に解釈しにくい．一方，根の表面積は根の吸水面積を表すことから吸水量の1つの指標になると思われるが，根の表面積を測定するよい方法がない．測定がそれほど難しくないという点では根長だろう．しかし，この根長も1966年にニューマンがうまい測定法を考案するまでは，物差しを使って根を測るという

気の長くなる作業であった.今でも教科書によく引用されるのは20世紀前半の研究成果が多い.根は太いものから細い根毛まで多様であり,土と根とを分離する際に根の一部が脱落してしまうことから,根の長さは測定者によってまちまちである.1本植えの冬ライムギの根長は,東京から大阪の距離に相当する500 km以上という報告がある.

図9-2に陸稲とダイズの根長分布を示す.ここでいう根とは肉眼で見える太さの根であり,根毛は含まれていない.多くの1年生の畑作物では,根長密度は数 $cm\ cm^{-3}$ を超えることは少ないが,陸稲は表層に多量の根を持っている.これは,第7章で述べたように,イネは分げつするためである.また,この陸稲は第7章に示した水稲品種に比べて深い部位まで根が認められるのは,雨水に頼らざるを得ない陸稲の特徴である.ダイズは灰色低地土の水田転換畑と火山灰土である普通畑に栽培されている.灰色低地土では写真9-1に見るように作土は約12 cmと非常に薄くその下には乾燥亀裂が発達しているため,根の一部は右の写真のように,作土と下層土の境界を横に伸長し,たまたま当たった乾燥亀裂に沿って伸長,発達することがある.根にとって乾燥亀裂は伸長するのに機械的な抵抗がない,呼吸をするのに十分な酸素がある,そして根が枯れるほど乾燥しないという条件を与えている.火山灰土作土の厚さは

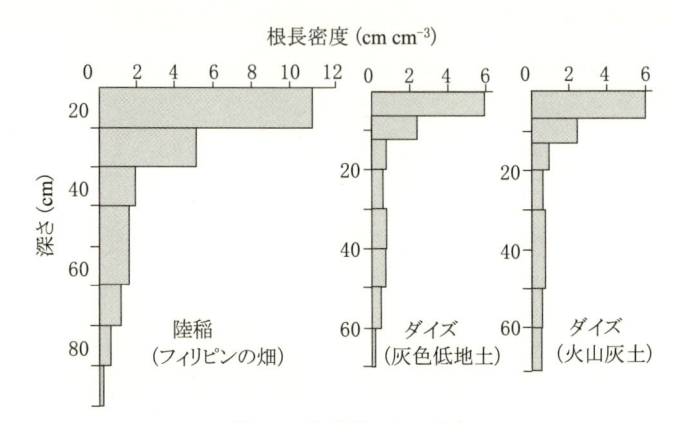

図9-2 畑作物の根の分布

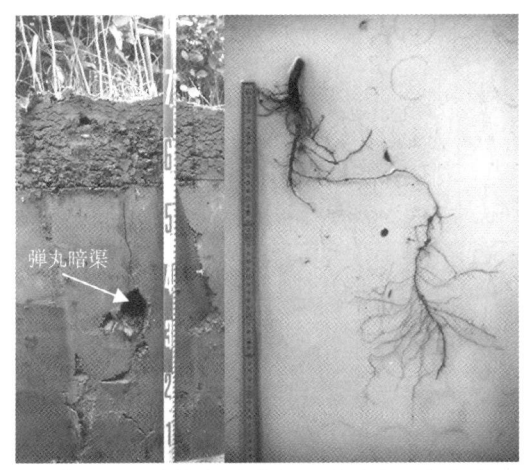

写真 9-1 灰色低地土転換畑で見られたダイズの根

約 20 cm である．そして作土直下の根長密度は少し小さいだけなので，耕盤が根の発達を阻害していないと判断される．灰色低地土下層土の根はキレツに伸長した根を含むが，図 9-2 の例では土の違いが根長分布に与える影響は少ないようである．なお，1 年生作物と異なり，牧草のような多年生草では，地表面近くにルートマットと呼ばれる根が網目状になった根の非常に多い層が見られることがある．

### 9.2.2 水吸収

畑の深さ別の土壌水分を経時的に測定することで，根の吸水に伴う土壌水分変化を求めることができる．図 9-3 は，根系分布を図 9-2 に示した陸稲の畑において，多量の灌水後, 3 日ごとの土壌水分変化を示している．灌水直後から下層の土壌水分が

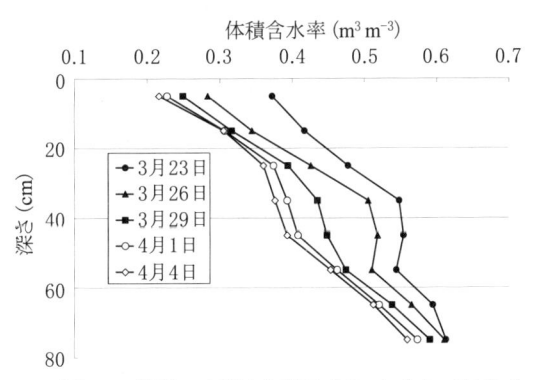

図 9-3 陸稲の土壌水分吸収パターン（フィリピン）

多いのは，この土の特徴である．2つの図を対比してみると，次のようなことがわかる．浅いところから深いところまで土壌水分の豊富な初期においては，根量の多い浅い部位から多くの水が吸収される．すべての深さから吸水された量の和が蒸散量になる．浅い部位の水が少なくなると，吸水が活発な部位は40 cm深付近に移って吸水が維持される．さらに時間が経つと，水が十分なのは下層しかなくなる．しかしながら，下層は根量が少なすぎて地上部に十分な水を供給することができないため，葉の気孔も閉じて蒸散量は非常に低下してしまう．このような状態になると，再び水をやっても収穫量は非常に少なくなる．すなわち，干害である．根の吸水量が土壌水分の減少とともに低下する機構は完全にはわかっていないが，土の側から見ると，土のマトリックポテンシャルが，根が低下させることのできる浸透ポテンシャル（第2章参照）に近づいたこと，土壌水分が減少することで，透水係数が低下し，土から根への水移動が間に合わないことや乾燥収縮することで根と土壌との間に隙間ができて水が流れにくくなることが指摘されている．

　根を観察すると古くなって黄色みがかった根から新鮮な白い根まである．そして，新しい根は養水分の吸収は活発であるが古い根ではあまり活発な吸水が行われないことが知られている．しかし，畑で根の水吸収を論じる場合には，蒸散量を根長で除することにより求まる，単位長さの根が1日に吸水する量すなわち吸水率で表すことが普通である．土が十分に水を含んでいるときの吸水率は $0.001\,\text{cm}^3\,\text{cm}^{-1}\,\text{d}^{-1}$ のオーダー，つまり長さ1 cmの根は1日に $0.001\sim0.01\,\text{cm}^3$ の水を吸収する．大変少ないように見えるが，根長密度が $3\,\text{cm}\,\text{cm}^{-3}$ の層が10 cmあり，根の吸水率が $0.005\,\text{cm}^3\,\text{cm}^{-1}\,\text{d}^{-1}$ のとき，この層から吸水される水量は1日に1.5 mmとなる．日蒸散量は最大でも数mmなので，十分に大きな値である．植物は葉を一杯に広げて太陽光を受け，薄い二酸化炭素を取り込む．一方の根は，土の中に何kmも伸びて水と特に薄い濃度の養分をかき集めているといえるだろう．

## 9.3 畑の土壌水分

畑は土壌凍結の起きる北の地域から，非常に雨の多い南の地域まで広範囲に分布するので，気象条件によって土壌水分の季節変化はかなり異なることになる．雨が降り，晴れが続くと畑の土壌水分はどのように変化するのかを，つくば市の農業環境技術研究所構内の火山灰土(淡色黒ボク土)畑(写真9-2)における観察に基づいて説明する．畑の標高は約24m，1995〜2005年の年平均降水量は1,248mm，年平均気温は14.0℃であった．

写真9-2 農業環境技術研究所構内の水と溶質移動の長期連続測定畑(江口定夫氏より)

### 9.3.1 土壌水分の四季

対象とした畑は，深さ2mまでは火山灰土であり，表層の30cmが薄い黒色をした作土，それより下が褐色の下層土である．約2mから下は非火山灰土である灰色の常総粘土層が出現する．畑は灌漑を行っていないため，土壌水分状態はお天気任せである．この畑の深さ1mまでの土壌水分状態を見ていく．深さ1mは1年生の作物が根を張るほぼ限界でもある．

図9-4は1999年1月から1年間にわたる畑の0〜30cm土層(作土)と0〜100cm土層の体積含水率と日降雨量の関係を示している．畑は前年の11月にコムギを播種し，4月16日に青刈りして畑に鋤込んだ．4月28日にトウモロコシを播種し，8月6日に収穫後，残渣は鋤込んだ．次いで，

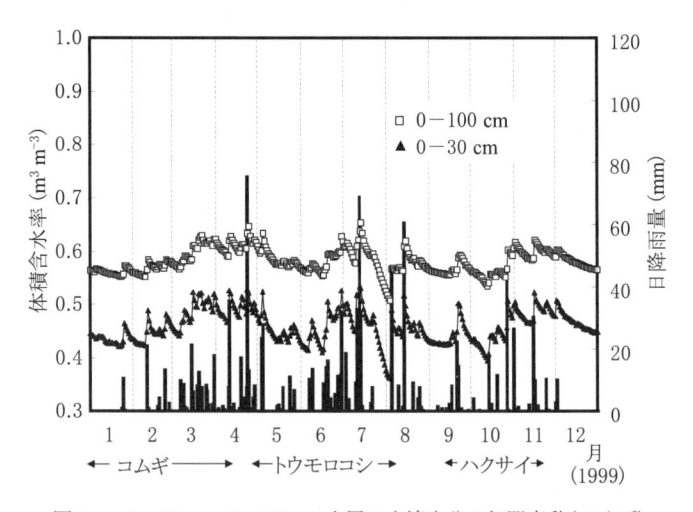

図9-4　0～30 cm, 0～100 cm 土層の土壌水分の年間変動（つくば）

9月14日にハクサイを定植し，11月16日に収穫した．年間降水量は1,192 mmで平年よりも100 mm少なかった．1月から見ていくと，つくばでは冬晴れが多いが，1月は低温であるために，無降雨時の土壌面蒸発による土壌水分の減少は，例えば7月後半と比べればわかるように非常に少ない．3月下旬から5月初めにかけては雨が多く，土壌水分は多いが，五月晴れによる土壌乾燥も見られた．この年の梅雨は6月中旬から約1ヶ月間に集中し，7月中旬の梅雨明け以降畑は急速に乾燥していった．8月半ばにも大きな降雨があったが，その後の畑の無降雨期間の乾燥速度は7月ほどではなかった．秋は年平均水分よりも若干少水分で経過し，11月以降は年平均水分よりも高水分で経過した．トウモロコシの播種は土壌水分の多いときに行っており，ハクサイも定植後間もなく恵みの雨が降ったことがわかる．8月初めには年間で一番乾燥した状態になった．それでも作土の水分状態は第10章で述べる灌水点（生長阻害水分点）よりも多水分であった．しかし，このときに夏作を播種すると，地表の浅い部位は乾燥しているため斉一な出芽は期待できないだろう．いつ種播きをするか，天気予報が大変気になる．

土の物理性がつくばと類似した十勝地方の火山灰の畑でも土壌水分の年変化を測定したが，真冬に深さ40cmまでの土が凍結する場合，下層土が最も乾燥したのは夏ではなく，冬であった(岩田，2009)．これは，霜柱の生成と同じく土中水が凍結すると，凍結面に向かって下層の水が吸い上げられるためである．また，石狩地方では雪が厚く積もるので土の凍結は起こらず，真冬は毎日1mm程度の水量の雪が解けて浸透している．そして，春先には10日程度の短期間に200mmを超える融雪水が浸透する．この量は台風によってもたらされる雨にも匹敵する．このように，土壌水分の四季には地方色があるだろう．

### 9.3.2 土層が含む水の変化幅

　上の例の畑において夏にトウモロコシ，秋にハクサイを栽培し，その後はコムギを栽培し，3年間にわたり土層の水分を測定した例では次のようなことがわかった．1m土層に占める3相の割合を示すと図9-5のようになる．つまり，土粒子である固相の体積(厚さ)は230mm，水の体積(貯水量)の年間の平均値は585mmであるが，最も乾燥したときは500mm，最も湿ったときは650mmとなり，その差の150mmは土の乾湿により液相になったり気相になったりする．そして常に気相として存在

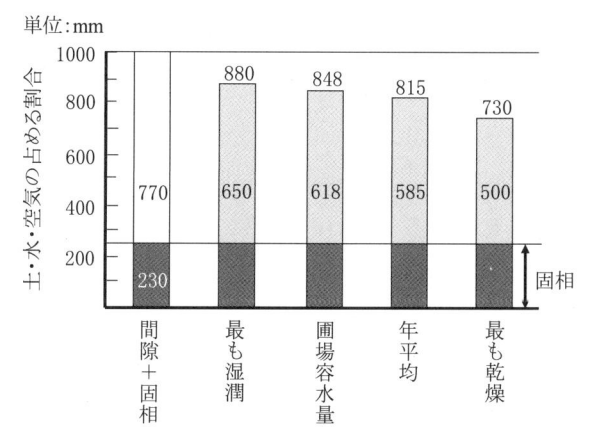

図9-5　深さ1mまでの3相の体積割合(つくば)

するのは 120 mm であった．断面積が $1\,m^2$，深さが 1 m 土層の体積は $1\,m^3$ であるので，この畑では最も乾燥したときでも体積の半分は水で占められていることになる．また，1 m までの土の平均乾燥密度は $0.625\,Mg\,m^{-3}$ なので，$1\,m^3$ の土のみの質量は 625 kg，最も湿潤なときの水の質量は 650 kg あるので，土全体の質量は 1,275 kg となる．水で飽和した $1\,m^3$ の砂では水と砂粒子の割合は約 500 mm ずつであり，質量で見ると砂粒子が約 1,300 kg，水が約 500 kg である．火山灰土がこのように体積にしても質量にしても水の割合が非常に大きいのは単に雨が多いからではなく，火山灰土に含まれる粘土鉱物のアロフェンが水を非常に多く保持するためである．世界中には多様な土があるが，このように多量の水を含む土は例外的である．

ところで，この畑にはアリが毎年見られる．その理由は第 2 章で述べたように，雨の一部が地表面を流れるような強い雨が降っても土の中は不飽和状態のままであるからであろう．

### 9.3.3 水収支の特徴

第 6 章で述べた水収支を降雨の前後に適用すると土の貯水量の変化は大きくなるが，図 9-4 からわかるように，1 月 1 日と 12 月 31 日の土層水分はほとんど同じであり，年単位で見ると貯水量の変化はゼロ，つまり貯水量は一定と見なされる．したがって，年間の水収支式は，降水量＝蒸発散量＋深部浸透量となり，単純化できる．実際，3 年間の年降水量は 989～1,530 mm であったが，深さ 1 m までの年平均貯水量は，年降水量に 500 mm の幅があっても，577～597 mm とわずか 20 mm しか変化していなかった．図 9-6 を見るとわかるように，降水量が増えても蒸発散量はあまり変わらないのに対し，深さ 1 m を横切る深部浸透量は降水量が 1.5 倍となると 3 倍以上になった．深部浸透はやがて地下水を涵養することになる．日本の年降水量は北海道の網走のように 1,000 mm 未満の場所から三重県の尾鷲のように 4,000 mm を超える場所もある．一方，年降水量に比べて蒸発散量の変動幅は小さく，わが国では 600～800 mm

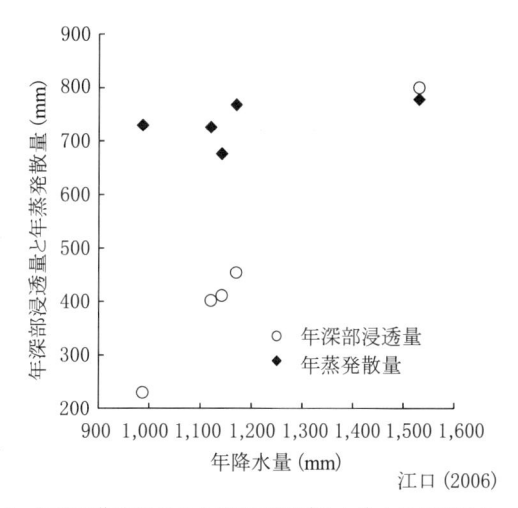

図 9-6 年間の蒸発散量および深部浸透量と降水量の関係(つくば)

の範囲に入るだろう．したがって，地域により深部浸透量(地下水涵養量)はずいぶんと異なることになる．

　雨が降るのは気まぐれであるのに対し，蒸発散は量的には 1 日数 mm 未満であっても毎日のように生じる．地表面では雨が降っているときは，水は下向きに流れるが，雨が止むと土壌面蒸発が生じ直ちに上向きに変化する．一方，深さ 1 m では，雨量が少なければ浸透水は途中で貯留されて 1 m まで到達しないが，雨量が多いと浸透してきた水は深さ 1 m を横切る．その強度は降雨強度に比べて小さく長時間継続する．その結果，つくばの観測を行った畑では，深さ 1 m の水移動は 1 年のうちの約 11 ヶ月は下向きである．つまり，土を厚さのある土層として見ると，土層は水を溜め込みゆっくりと流す機能を有しているといえる．水は様々な溶質を溶かす溶媒であるので，地域にもよるが，毎年 500～3,000 mm 近くの水が浸透流し続けると，塩基類が溶脱されることになる．その結果，日本のどこでも土中の塩基類が少なくなって土壌の pH が低下し酸性土壌が生成している．

　第 7 章では水田の水収支を紹介した．図 7-4 に示した利根川水系の例

では，120日間の灌漑期間中の降雨量と取水量の合計2,700 mmが田んぼに入り，深部浸透量は330 mmであった．一方，つくばの畑では3ヶ年のデータではあるが，5～8月の4ヶ月間の降雨量は550 mm，蒸発散量は390 mmであった．したがって，深部浸透量は160 mmになるが，もし図7-4と同様に降雨量が900 mmもあれば，蒸発散量は図9-6のように大きく変化しないので，深部浸透量は510 mm程度となり，水田の深部浸透量を超える．これらの数値の意味するところの解釈は難しいが，同一地域では，地下水涵養に結びつく深部浸透量は，畑と比べて水田の方が常に多いとはいえないということかもしれない．

### 9.3.4 圃場容水量

　根群域を対象とした場合，少量の雨は保持されるが，多量の雨は根群域から下に浸透して流れてしまう．そこで，根群域を貯水タンク見立てることができれば，作物が水不足になったとき，タンク一杯まで水を戻してやれば，余分な水を使わなくて済む．そこで，このタンクの容量を求めようという研究が1世紀も前から行われてきた．しかし，このタンクは多量の雨が降って満水に近づくと水漏れ（深部浸透）が生じるというやっかいなものであった．満水から水漏れが収まるまでには時間がかかり，その間に植物による蒸散や土壌面蒸発により水が消費されてしまう．そのため，貯水タンクの事実上の満水状態を定める決定打はなかった．そこで，水はけのよい畑において大雨が降った2～3日後にタンクに残っている水を作物が使える事実上の満水と見なし，圃場容水量と呼ぶことにした．水はけのよい，とわざわざ断り書きがあるのは，水田を畑として使う転換畑のような場合，降雨2～3日後でも水が溜まっている場所があるからである．つくばの火山灰土畑では根群域を1 mと見なすと，降雨後2日の水量は図9-5のように約620 mmであった．この考え方は，植木鉢の土を十分に湿らせなおかつ底から排水を起こさないためにはどのくらい水を与えたらよいかということに通じる．圃場容水量と最も乾燥したときの貯水量500 mmの差は120 mmになり，1日の蒸発散量を

3 mm とすると 40 日間分に相当する．このように雨が多いことに加えて，貯水量が多いということが，昔からわが国では天水のみで畑栽培が行われてきた理由である．

## 9.4 地温の四季

春になると畑では雑草が一斉に芽吹く．あまりにも見慣れた光景であるので，何も不思議に思わない．しかし，熱帯モンスーン地域で暮らしていると，乾季にはほとんどの雑草は枯れてしまい，雨季になると雨を待っていたかのように一斉に芽吹く．つまり，日本では温度が芽生えのスイッチを入れるのに対し，熱帯では土壌水分が芽生えのスイッチを入れることになる．図 9-7(a) は農業環境技術研究所の気象観測露場における 2011 年の深さ 5 cm の地温である．地温の変動は 1 年を 2π とする正弦曲線で大体近似できることがわかる．観測年は異なるが，図 9-4 を重ねてみると，雑草が芽生える 3 月から 4 月にかけては，畑は十分に水を含んでいるので，地温が雑草の芽生えの支配的な要因であることが理解できよう．そして，最も乾燥した 7 月から 8 月にかけては，地温が最も高い時期に相当している．

農業環境技術研究所 (2012)

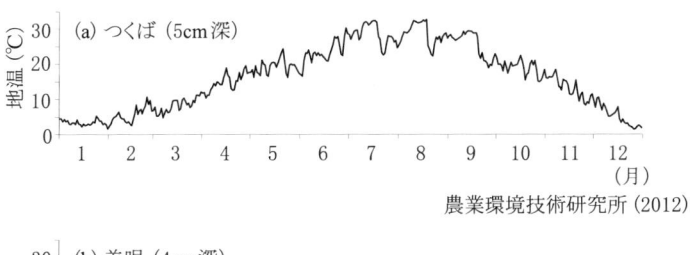

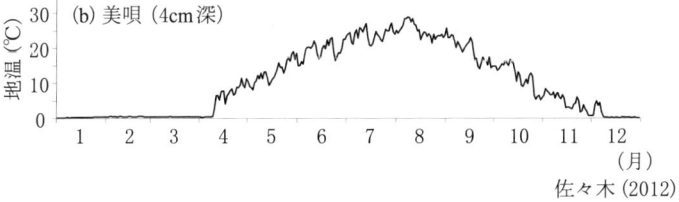

佐々木 (2012)

図 9-7　地表付近の地温の年変化

図9-7(b)は美唄市の泥炭土畑における2011年の深さ4cmの地温を示している．地温は頻繁に除草を行った植生のない状態で測定した．積雪のない期間の地温の変化はつくばと同じようであるが，最高温度はつくばよりも約5℃低い．しかし，冬の地温の変化はつくばと美唄とでは大きく異なる．美唄では，冬の初めの地表面温度は氷点下になるが，積雪が増えるにつれ雪が断熱材（熱伝導率が小さい）の役目を果たすため，一度凍った土は夏に下層に蓄積した熱の流入により解けて0℃の水となり，地表面の雪を解かして毎日1mm程度の浸透が継続する．これは，気温が-10℃以下になろうとも変わらない．最大積雪深は1mを超える．したがって，この期間深さ4cmの地温は0℃よりも少し高く一定である．そして，雪がなくなると地温の変化は大きくなり，つくばよりも約1ヶ月遅く，4月下旬になると雑草が芽生える地温になる．つくばも美唄も温度が雑草の芽生えを規定している．

図9-8は土壌水分を観測した畑において，かつて測定された深さ11mまでの地温の年変化の傾向を示している．地温のこのような変化は熱伝導

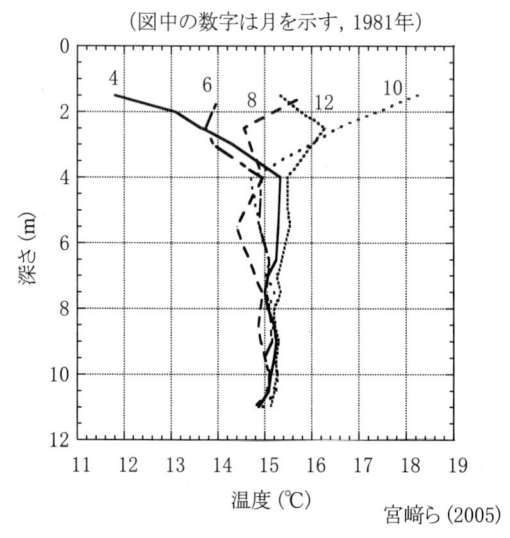

図9-8 火山灰土畑の地温の年変化(つくば)

現象によって生じる．図9-7(a)の5cm深では7，8月の地温が最高であったが，図9-8の深さ2mでは10月の地温が最も高く，4月には最も低いというように地温には時間的な遅れがあることが読み取れる．さらに，地表面の温度は真夏には触れないほど熱く，真冬には氷点下まで下がり，数十℃の振幅が見られるが，地温の振幅は深さとともに減衰し，10mを超す深さでは年変化がほとんどなくなる．第4章で説明した不易層である．不易層の温度は約15℃であり，1981～1990年までの気象観測露場で測定された年平均気温の13.0℃に近い．

## 9.5 畑から放出される二酸化炭素

### 9.5.1 土中の二酸化炭素の分布

土壌水分を測定した畑にダイズを栽培し，一部を裸地にして土中の二酸化炭素濃度を約1年にわたって観測した．図9-9は夏の6，7，8月の

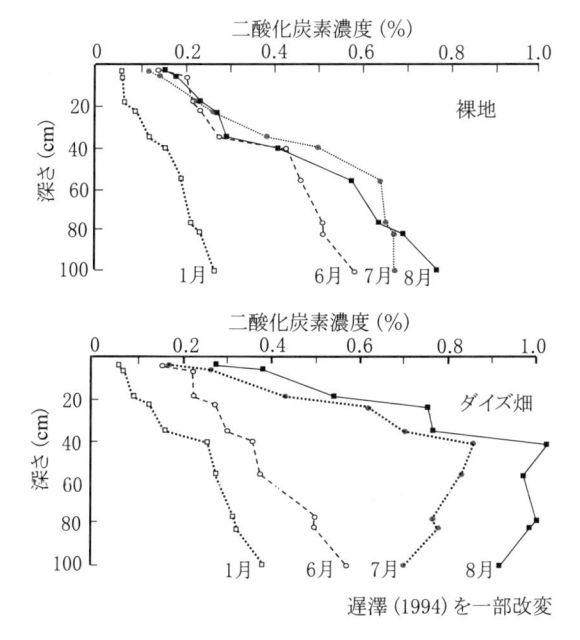

遅澤(1994)を一部改変

図9-9 土壌中の二酸化炭素濃度分布(つくば)

月末と翌年の1月末の二酸化炭素の濃度分布を示している．ダイズ畑の二酸化炭素濃度が裸地よりも高いのは，根が呼吸によって二酸化炭素を放出しているためである．また，地温が低く裸地状態になる冬では微生物呼吸が少ないのですべての深さで濃度が低い．

　作物の根，微生物とも作土に多いため，二酸化炭素発生量は浅い部位で多いが，濃度は深い方が高い．この一見矛盾して見える現象はどうして生じるのであろうか．第3章で図示したように，ガス拡散係数は気相率によって変化する．つまり，浅い層では土壌水分が少なく気相率が大きいためガス拡散係数が大きいのに対し，下層ほど土壌水分が多く気相率が小さいためにガス拡散係数が小さい．その結果，浅い層で発生した二酸化炭素は速やかに上方へ拡散して濃度が上昇しないのに対し，下層では発生した二酸化炭素は拡散によって移動しにくいため二酸化炭素の発生は濃度の上昇につながる．ガス濃度は，第6章のガス収支で説明したように，発生量と移動量とのバランスで決定されているのである．よく見ると夏のダイズ畑では40 cm付近に濃度のピークがある．そのため，二酸化炭素はこの時期，この深さを境に上下方向に拡散していると理解できる．

　二酸化炭素の濃度分布が図9-9のようなときに，地表面を流れるような大雨が降ったらどうなるだろうか．地表面近くでは多くの気相が水で置換されるため，ガス拡散係数が大変小さくなる．この状況は，地表面をビニールシートで覆ったのと似ており，地表付近の二酸化炭素濃度が一時的に非常に高くなる．雨が止んで排水が始まると，作土の気相が増加し，拡散により二酸化炭素が大気に放出され，再び地表近傍のガス濃度は最も低くなり図9-9の状態に戻ることになる．

### 9.5.2　土中の二酸化炭素と酸素の滞留時間

　土中のガスフラックス($m^3 m^{-2} s^{-1}$)は迅速で，呼吸により発生した二酸化炭素は土中の濃度を高めることなく大気に放出されるという特徴を持っている．1例として，二酸化炭素が30 cmの厚さの作土で1 $m^2$当たり

表 9-1　作土 30 cm 中のガスの消失・発生量と気相中の量

|  | 日消失・発生量(L) | 気相中の量(L) | 滞留時間 |
|---|---|---|---|
| $O_2$ | 5.1 | 12.40 | 2.4 日 |
| $CO_2$ | 5.1 | 0.18 | 51 分 |

1日に 10 g 発生する場合を考えてみよう．作土の気相率を 20%，酸素濃度を 20.7%，二酸化炭素濃度を 0.3% として，1日に発生・消失するガスの体積と作土の気相中のガスの体積を計算すると表 9-1 のようになる．毎日 5.1 L (0.23 モル) の酸素が消費され，等量の二酸化炭素が発生する．この表の滞留時間とは，気相中の量を消失 (発生) 量で除した値である．二酸化炭素の滞留時間は約 50 分である．土中の二酸化炭素濃度を測定してみると，多少日変化はあるものの濃度変化は小さい．このことは，発生した二酸化炭素は速やかに大気に放出されていることを示している．第 6 章の (6.2) 式左辺をゼロと仮定することが多いとしたのはこのような事実による．一方，作土に含まれる酸素も 2.4 日で枯渇してしまうが，実際にそういうことはなく，根も微生物も活発に呼吸を続けている．つまり土壌呼吸に使われる酸素は頻繁なガス交換により大気から供給されていることになる．このことは，植物が土中に蓄えられた水を長期間吸収して生育しているのと大きく異なる点である．

### 9.5.3　二酸化炭素放出量の四季

第3章で述べたように，畑の二酸化炭素は根呼吸と微生物呼吸によって発生する．図 9-10 は日中の最も土壌呼吸の盛んな午後 2 時前後に，地表下 2.5 cm と地表面の二酸化炭素濃度と作土のガス拡散係数を用いて，ダイズ畑および隣接する裸地から大気への二酸化炭素の放出量を年間にわたって求めた結果である．夏期においてはダイズ畑の二酸化炭素放出量は裸地の約 2 倍ある．このことは，微生物呼吸と根呼吸がほぼ同じ割合であったことを意味する．また，温度の高い夏期は冬期の約 10 倍以上の放出量を示している．年間の二酸化炭素放出量は 1 m$^2$ 当たりダイズ畑で 4.8 kg，裸地で 3.4 kg であった．

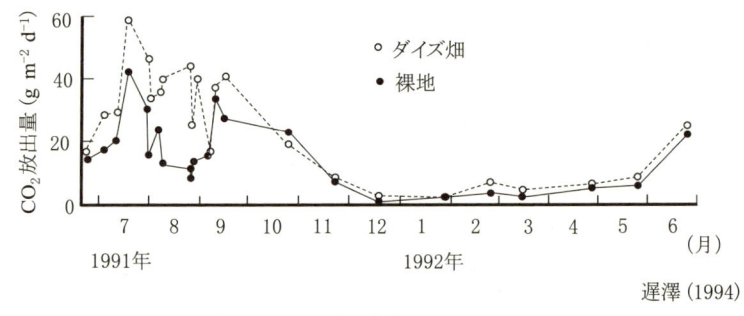

図 9-10　二酸化炭素放出量(つくば)　遅澤(1994)

　冬期に 1 m を超える積雪に覆われる北海道美唄市の泥炭林の土壌から年間に放出された二酸化炭素は 2.7 kg であり，その大半が無積雪期間に放出された(森本ら，2009). 裸地の泥炭土畑からもほぼ同量が無積雪期間に放出されている(佐々木，2012). 関東の火山灰土畑と北海道の泥炭土という土の違いに加え，温度条件，積雪条件，土壌水分条件と植生の違いがこのような結果に反映されているのであろう.

　二酸化炭素の発生が卓越する深さを知るには，ガス収支式を使うことになるが，第 6 章で述べたようにガスフラックスを正確に求めることが難しく，発生部位に関する研究例はあまりない. つくばや美唄での限られた研究結果からは，夏期においては地表面からの放出量の 70〜90% は深さ 10 cm までに発生するようである. 二酸化炭素と地球温暖化の関係が注目される中，農地を始め陸域生態系からの二酸化炭素の放出に関して広範なデータが集められている.

## 9.6　畑の水と硝酸イオンの移動と長期変化

　ピストン流とは第 5 章で述べたように，土壌表面から浸透したマトリックス流が，それ以前に土中に存在していた水と溶質をピストンのように前に追い出すという，移動を単純化した流れである. この流れは，均一な土で生じる. しかし，バイパス流が存在すると，溶質の先端(前線)はマトリックス流を仮定したときよりも先行する. 一方，土がイオンを

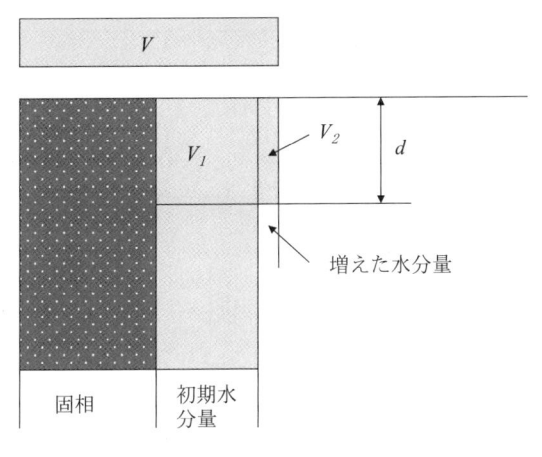

図 9-11 ピストン流の考え方

吸着すると，溶質の先端はピストン流を仮定したときよりも遅れる．実際の畑では水と硝酸塩の移動はどうであろうか．つくばの研究所の畑で調査した結果を紹介しよう．

ピストン流による水移動の前線は，図 9-11 のように，降雨による流入量と土中に存在する貯水量をもとに考える．この考え方は図 5-4(a) と同じであるが，畑なので，飽和ではなく，降雨によって土壌水分は増える．雨の量を $V$ とすると，土の中では降雨前の土中水と置換された水量 $V_1$ と降雨で増えた土壌水分量 $V_2$ の和が $V$ に等しくなる深さ $d$ がピストン流の前線の位置になる．畑では降雨量と土壌水分を降雨前後に測定することでピストン流の前線が求まる．雨のあと無降雨期間が長ければ一度深さ $d$ まで達した前線は蒸発に伴う土壌水分の減少で浅い位置に移動する．一定の時間間隔で降雨量と土壌水分量を測定することにより，ピストン流の前線を知ることができる．

図 9-12(a) は地表に散布した窒素肥料がピストン流によって移動したときに深さ 1m に達する様子を示している．1997 年に多くの硝酸イオンが 1m に到達していることがわかる．一方，図 9-12(b) の実測値 1 とは深さ 1m から定期的に採取した土に含まれる硝酸イオンをもとに，第 5 章

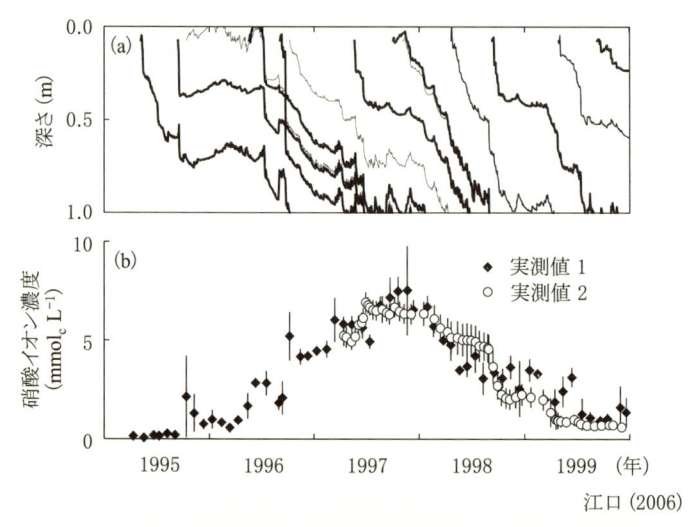

図 9-12　ピストン流を仮定して求めた硝酸塩が 1 m に到達した時期と1 m 深の硝酸イオン濃度の時間変化(つくば)

で説明した分配係数を用いて土壌水中の硝酸イオン濃度を求めた値である．また，実測値 2 は深さ 1 m に埋設した素焼カップを用いて直接土中水を採取し，硝酸イオン濃度を測定した値である．濃度の表示法にはいくつかあり，図 9-12(b) では 1 L の土壌溶液中に含まれる硝酸イオンのモル濃度 ($mmol_c L^{-1}$) で表している．ほかに，硝酸イオンの質量 ($gNO_3 L^{-1}$) と硝酸態(性)窒素の質量 ($g N L^{-1}$) も用いられている．これらの関係は，1 $mmol_c L^{-1}$ = 64 mg $NO_3 L^{-1}$ = 14 mg $N L^{-1}$ となる．実測値 1 と 2 の値はよく一致し，1997 年に大きなピークを持っており，図(a)のピストン流が到達した時期と一致している．実測値 1 の計算では分配係数を使っているということは，火山灰土が硝酸イオンを吸着し，その移動速度はピストン流よりも遅れることを意味している．一方，この畑ではバイパス流も生じていることが確認されている．そのため，吸着による硝酸イオンの遅れとバイパス流による硝酸イオンの先行が相殺し，見かけ上ピストン流で移動したように見えるというのが，この畑における硝酸塩移動の実態である．

## 9.6 畑の水と硝酸イオンの移動と長期変化

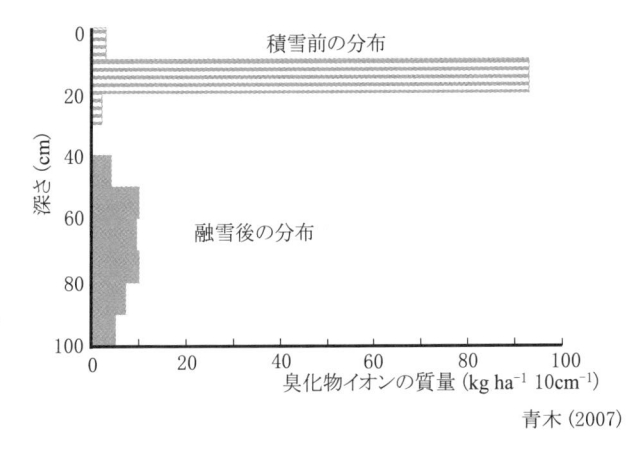

図 9-13 積雪前に散布した臭化物イオンの融雪による移動

札幌のような多雪地帯では積雪深が 1 m にもなり，雪は融雪期に急速に解ける．そこで，積雪前の冬の初めに火山灰土畑の深さ 15 cm に散布した臭化カリウムが冬期，融雪期を経てどのように移動するかを調査した．図 9-13 に臭化物イオンの積雪前と融雪後の分布を示した．積雪前の土の採取で回収された臭化物イオンの総量は散布量の 74% であり，ほぼ全量が 10〜20 cm 深に存在した．冬期，融雪期に地表面から浸入した水量は，地表面から深さ 100 cm までの $-1$ kPa の貯水量(毛管飽和水量に大体等しい)に相当する 554 mm であった．したがって，融雪水がピストン流で生じるならば，臭化物イオンは 1 m より下方に流れ去ったはずである．しかしながら融雪後の土の採取からは，臭化物イオンは 40 cm 深までは完全に流れ去ったが，40 cm から 100 cm の土中には一部が残り，その量は散布量の 32% であった．一方，水温がほぼゼロである融雪水が土中を流れることによる地温の低下も同時に調べた．その結果，地温が低下する深さの方がピストン流を仮定した浸透水の前線よりも深かった(青木・長谷川, 2007)．火山灰土の陰イオン吸着による移動の遅延については検討をしていないが，地温の変化からは融雪による水移動ではバイパス流が生じていることが明らかにされた．

つくばの火山灰土では，陰イオン吸着があるはずなのに陰イオン前線が水の前線にほぼ一致したのはバイパス流が生じたためであり，札幌の火山灰土ではピストン流により押し流されたはずの陰イオンが存在するのはバイパス流が起きたためであると説明している．前者のバイパス流は陰イオンを選択的に移動させたと考え，後者のバイパス流は土中に陰イオンを残したまま一部の間隙を陰イオンが移動したという説明に使っている．あまり適当な例とは思えないが，マラソンレースを上空から見ているとしよう．選手のひとりひとりを陰イオンと見なすと，集団のまま走るのがピストン流である．集団が崩れて飛び出した選手がいたり，遅れてしまったりする選手がいるのがバイパス流である．火山灰土で調査した2つの例のどちらの説明も納得がいくが検討の余地もありそうだ．畑におけるイオンの移動は室内実験と異なって，移動に影響する要因が複雑であるため，いくつかの答えが出てきてしまう．非常に身近な存在である土の中で生じている現象を理解することは思いのほか難しいのである．第5章で溶質の移動は難解であるといったのは，このようなことが実際の畑で起きているためである．

　福島の原子力発電所の事故で飛散した放射性セシウムはカリウムと同じ1価の陽イオンであるが，カリウムやアンモニウムと比べて土に吸着されやすい．セシウムの移動を明らかにするには，その土地の土壌の性質がまず大切である．砂質の土ではセシウムがあまり吸着されないので，その移動は陰イオンと同程度であろう．流れ着いた先に粘土があれば，そこでセシウムは吸着され土中の濃度は高くなるはずである．逆にセシウムを強く吸着する粘土の場合には，セシウムは地表面にとどまり，下方への移動は非常に遅くなる．しかし，施肥や土壌改良材により陽イオンが入ってくれば，セシウムの一部はイオン交換により溶液中に出て，浸透水とともに移動することになる．さらに，粘土であっても乾燥亀裂などの粗間隙があってバイパス流が生じれば，予想を超えて下方へ移動する．実際，核実験による降下物の $^{36}Cl$ が予想をはるかに超える深さまで

移動してしまっているという報告もある．セシウムから出る放射線は，数 cm の土で覆われていれば，非常に減衰する．したがって，作物根の少ない下層土に移動させ，そこに長期間とどまるような工夫ができるとよいが，自然はそれほど身勝手な都合を聞いてくれないだろう．いずれにしても土壌の知識を駆使してその土地の土の特性をよく理解して最適な方法を採用しなければならない．科学は広い裾野を持つ必要があるが，原子力発電の推進にとって不都合な分野の研究が否定され続けてきたことが，今回のような事故に対して，科学的知識に基づいた対策技術が生まれてこなかった原因の 1 つであろう．

---

わが国では水田に比べて低く見られがちな畑であるが，畑では熱エネルギーと物質の貯留，移動は水田以上に変化に富んでいる．それは，土壌水分と地温が大きく変化するためであり，二酸化炭素や硝酸塩の移動にも強く影響を与えている．私たちにとって身近な花壇や公園においても物質の貯留と移動は畑と同様である．日本の畑作農業の特色を端的にいえば，北から南に長い日本では気象条件が異なるけれど，どこでも豊富な水があり，紅葉が南下するように，多くの作物が時期をずらして収穫されるため，同じ作物を長い期間食べることができることである．

## コラム：根の長さを測る

　畑から一定容積の土を採取する．この土を水に一昼夜浸けた後，網目が 1 mm 程度の篩の上に載せ水道水を噴射して土を崩していく．すると，篩の上に根と大きな土粒子が残るので，篩を水中で上下させると土粒子はすぐに沈み，軽い根はゆっくりと沈むことを利用して茶こしで根のみを採取する．グラフ用紙に 1/2 インチ (12.7 mm) の格子を描き，OHP 用紙にコピーする．OHP 用紙を水を張ったバットの底に置き，根が重ならないようにランダムに置く．まず横線と根の交点数を数え，次に縦線と根の交点数を数え，縦横の和を求める．和の数に cm をつけたのが根の長さになる．不思議に思う人は，2 m の糸を適当な長さに切り，1/2 インチの格子を書いた紙の上に極力重ならないように散りばめる．縦と横の交点の和は 200 に近いはずである．この方法は 1966 年にニューマンが考え出し，1972 年にマーシュが 1/2 インチの格子を用いると，交点の和が cm になることを発表した．

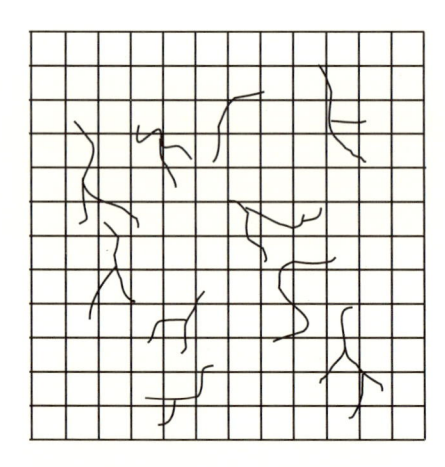

# 第 10 章　畑地灌漑

　土や農地の物質移動研究の端緒は灌漑であったといえるだろう．水が不足しがちな農地に貴重な水をいかに保持させるかという問題が，土の保水や透水の研究の動機だったと考えられる．EU やアメリカといった先進国は排水に悩まされるよりも干魃に悩まされることが多く，灌漑の土壌学や，水源から畑まで水を運び，灌水するといった灌漑技術が発展してきた．一方，わが国の平均降水量は 1,800 mm と世界平均の 2 倍近くあるので，昔から天水に頼って畑作が行われてきており，多くの地域では畑地灌漑の必要性は少ない．したがって，暗渠排水のようにわが国独自に発達した灌漑技術はない．そこで，世界に目を向けて畑地灌漑を概観してみよう．

## 10.1　世界の灌漑

　世界を見わたすと，半乾燥地のように降雨だけでは作物の栽培が難しい地域が存在する．写真 10-1 は上空から見たナイル川である．河川沿いに灌漑が行われている緑の農地があり，その周囲は沙漠であることから，

写真 10-1　ナイル川に沿った灌漑農地と周囲の沙漠

ギリシアの歴史家ヘロドトスのいった「エジプトはナイルの賜物」が容易に理解できる．世界の灌漑面積は2億数千万 ha あり，その 2/3 は中国，インド，パキスタン，ロシア，アメリカで占められている．そして灌漑面積は耕地と永年作物地の 17% 足らずであるが，生産量は 30% を超えることから，灌漑によるメリットはよく知られている (Hillel, 1991)．農家は自分が耕している土地の面積は正確に知っているが，作物栽培のためにどれだけの水が必要かを知らない．ベランダにおいて観葉植物に何日置きにたっぷり水をやったらよいか，冬室内に入れた場合はどうかについては植物を育てている人は経験的に知っているかもしれない．しかし，植木鉢の底から水が出たかどうかを確認できなかったら，そして，常に水が手に入るとも限らないとしたらどうだろうか．水やりも結構難しいだろう．農家にとっても同じことなのである．共通しているのは植物に与えるべき水の総量がよくわかっていないということである．ともすると，水不足に対する不安から，過剰に灌漑を行う傾向がある．灌漑農地の拡大と過剰灌漑は，アメリカのオガララ帯水層に見るように化石地下水を含む地下水の枯渇，黄河の断流やアラル海の縮小といった生態系の問題のほか，地域によっては塩害という問題を引き起こしている．

## 10.2 灌水点と灌水量

ポット栽培では根が均一に分布し水を吸収するので，ポットに入れた土の乾燥質量 ($m$) と第 2 章で述べた永久シオレ点である -1.5 MPa の含水比 ($\omega$) を求めておけば，ポットの質量が $m(1+\omega)$ を下回らないように水を与えれば植物が枯れないように管理することができる．しかし，畑ではそうはいかない．畑に十分に水が供給された後，土壌水分の変化を見ていくと，第 9 章の図 9-3 のように表層の水消費量が最大で深さとともにほぼ直線的に減少する．一方，作物の根の分布は図 9-2 で説明したように，地表近くに多くて深さとともに急減するので，根の分布と土壌水分吸収パターンとは普通一致しない．そこで，作土の土壌水分がシオレ点に

## 10.2 灌水点と灌水量

到達したときに根群域全体を圃場容水量に戻す水量を灌水するという考えが出された．図 10-1 の右側の線は第 9 章で説明した圃場容水量時の深さ別の水分分布であり，左側の線は作土がシオレ点になったときの水分分布であるので，2 つの線で囲まれた領域が植物が吸水できる有効水分量となる．しかし新たな問題が生じた．それは，作土がシオレ点になってから灌水すると，作物の収量が低下することである．つまり，植物にとっては圃場容水量からシオレ点まで土中水は同じように有効ではなかったのである．現在わが国では，ポットで栽培した作物の光合成が低下する水分を生長阻害水分点とし，作土がこの水分まで減少したら灌水を行うことにしている．生長阻害水分点のマトリックポテンシャルは-0.1 MPa 付近といわれており，永久シオレ点よりも多水分状態にある．第 9 章で紹介したつくばの研究所の畑では，7 年間の連続測定を行ったが，0～30 cm の作土が-0.1 MPa を超えて乾燥したのは 2001 年の夏に 1 度，短期間だけであった．このようなことからも，わが国では畑地灌漑が必須ではないことがわかる．

　第 9 章の圃場容水量の説明では，根群域を貯水タンクと見なす考え方を紹介した．図 10-1 は貯水タンクの水が減って作物の生育に障害が出て

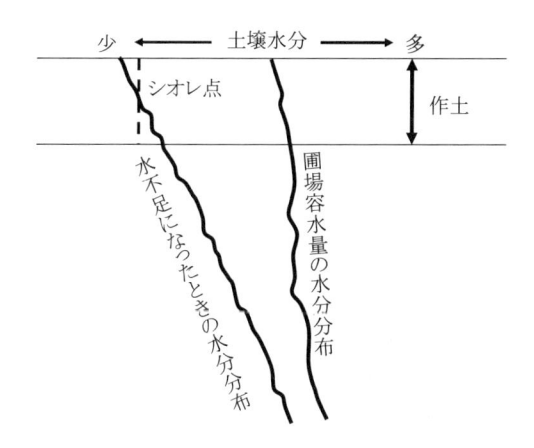

図 10-1　土壌水分分布と有効水分量

きたら，圃場容水量まで水を戻すという考え方であり，灌水法の基本となっている．作土の土壌水分と経過日数との関係を模式的に書くと図10-2のようになる．図の実線(a)は土壌水分が生長阻害水分点になったら灌水して圃場容水量まで戻すことになる．図の破線(b)は同様の考え方であるが，作土を低水分に保つため少量を頻繁に灌水する方法であり，例えば果実の糖度を上げるのに使える方法である．現在でも多くの灌漑計画では，灌水点や灌水量に図10-2のような考え方を踏襲しているが，農家は灌漑計画通りに灌水を行っているかというと大いに疑問である．まず，農家は作物の顔を見て水を必要としているかどうかを判断することはできるが，灌水をいつ止めればよいかを知る術を持っていない．また，自由に水を手に入れることができないことが多い．むしろ，水管理者は限りある水を集団で利用しようという立場で灌漑地区をいくつかに分けて順繰りに水を配分する．その結果，農家は自分に割り当てられた時間は目一杯取水する．このような灌水法が実情であろう．

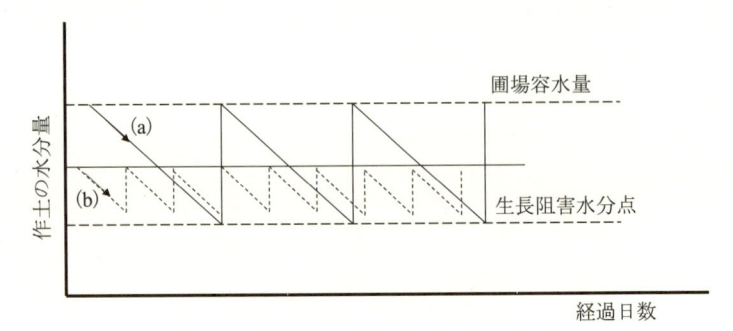

図 10-2　灌漑による作土の土壌水分管理

## 10.3　灌漑の別な考え方

　従来の考え方は貯水タンクの水が減った分だけ灌水するというように，根群域の土壌水分は乾湿を繰り返すやり方である．これに対して，作物の蒸散と土壌面蒸発で消費される水量に見合った水を灌水するという方法がある．この場合は，根群域の土壌水分は一定に保たれることになる．

株元に水をぽたぽたと滴下させる点滴灌漑といわれる方法である．消費に見合う水を供給するのは原理的には，土中に水分センサーを埋設し，その信号に応じて水供給バルブの開き具合を調整すればよいのでそれほど難しいことはない．しかし，畑に点滴用のホースを張り巡らせなければならないので，かなりの投資が必要とされ，価格が安い作物では経済的に成り立たない．利点は，過剰な灌水を防げる，傾斜があっても，透水性の悪い土であっても適用できる，風の影響を受けない，タバコのように葉が商品である作物では灌漑水が葉に直接当たらないなどがあげられる．また，図 10-3 のように点滴で湿った球状部分の水は乾燥している周囲の方へ移動するので，球状部分の塩濃度が灌漑水の濃度程度まで下げられるため，塩を含む土であっても作物栽培ができるという利点もある．ただし，培地を常に一定の水分状態に維持して栽培することで，作物が本来持っている栄養分や風味を引き出すことができるのかは疑問である．これは，飲ませ食わせで肥育された豚が栄養面で好ましいかどうかという問題と共通する．

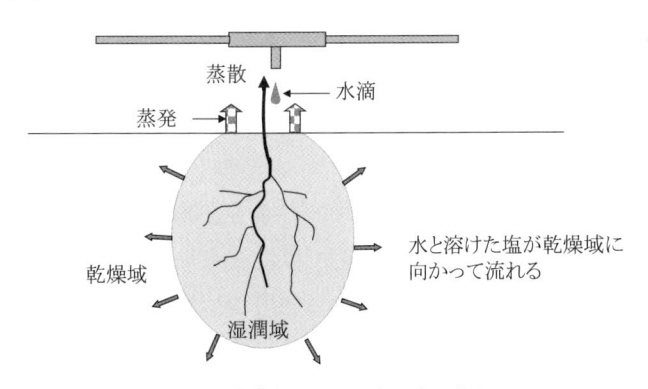

図 10-3　点滴灌漑における水と塩の動き

## 10.4　灌漑の方法

世界的に見て最も多く行われている灌水の方法は畝間灌漑である．これは用水路から写真 10-2 のように畝間に水を流す方法である．写真で

第 10 章　畑地灌漑

写真 10-2　畝間灌漑(畝の長さは約 200 m であった)（ホンデュラス）

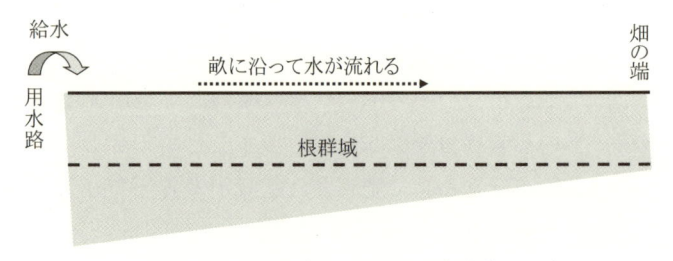

図 10-4　畝間灌漑における水の無駄使い

はホースをサイホンに利用している．水を流す畝は 1 つ置きでもよい．この方法の利点は簡単であること，欠点は畝の末端に十分に水を与えようとすると，用水路側では過剰な水を灌漑してしまうことである．図 10-4 はこの様子を示している．畑の右端でも破線で示した根群域まで水を与えようとすると，左の給水側では浸入時間が長くなり，根群域より下まで水が浸透し，この分が作物に利用されない無駄な水量となる．この無駄な水は灌水強度を高めればある程度少なくすることができるが，灌水強度が強すぎると今度は畑の右端から無駄に水を放出することになる．畝間灌漑ではいずれにしても水の無駄使いは避けられない．畝間灌漑は浸入強度の遅い土に向いており，畝の長さは 400 m になる畑もある．わが国の主要な畑の土である火山灰土では，浸入強度が大きいため畝の長さが非常に短くなってしまうので畝間灌漑は使えない．

## 10.4 灌漑の方法

写真 10-3 ボーダー灌漑

　ボーダー灌漑は畑に面する小さな用水路の一部を切り，畦畔に囲まれた畑に一度に多量の水を入れて湛水させた後，用水路をもとに戻して次の畑の灌漑に移る方法である．この方法では短時間に畑全面を湛水させる必要があり，用水路の水量が多いことに加え，畦畔を切る，畦畔をもとに戻すといった作業に多人数が必要とされる．中国の新疆ウィグルでは灌漑計画に沿って多くの農家が一斉に手際よく作業をしている光景を見た(写真 10-3)．

　スプリンクラー灌漑は，灌水する畑まで用水管を配置し，灌水が畑全体にわたって均等に行われるようにスプリンクラーを配置して行う．この方法では決められた水量を灌漑することが可能であるが，一方では，用水管やスプリンクラーそれに灌漑用のポンプに多大な初期投資がかかるという難点がある．スプリンクラーを大型化し，数十 m の距離を灌水するレインガンを十勝の畑作地帯で見ることがある(写真 10-4)．また，センターピボットという半径 400 m 程度の円形を自走して灌水する方法(写真 10-5)もあり，アメリカの農業地帯の上空からは緑の円を点々と見ることができる．

　点滴灌漑は，前述のように蒸発散に見合うだけの少量の水を与え続けることであり，土に水を貯留させて作物に吸水させるという発想はない．わが国では，ハウスのイチゴ栽培などに利用されている．

写真 10-4　レインガンによる灌水(十勝地方)

写真 10-5　センターピボット灌漑

以上のほか，ポットの底部から出した布の芯(灯油ランプの芯のようなもの)を給水皿に漬け，毛管力により根群域に水を給水する方法がある．この方法では，灌水の手間が省けること，根群域の水分が過剰にならないことから野菜の育苗に用いられている．

## 10.5　灌漑の効率

　灌漑水が作物により最も効率よく使われるためには，灌漑用に取水した水のすべてが根群域に入り根群域より下に浸透しないことである．

しかし，このようなことは実際にはできない．河川から取水された水は用水路を経由して畑まで運ばれる．用水路が土水路であると，水路から水漏れが生じ畑まで届く水が減る．開発途上国では水路をアスファルトなどで舗装する資金がないため土水路が多く使われており，取水した半分の水が畑に届く前に失われてしまうこともめずらしくない．このような場所では，用水路から漏れ出た水で草木が旺盛に生長し，緑の帯ができるので遠くから水路が通っている場所がわかる．次に畑に到達した水を作物にとって必要かつ十分な水量で灌水しているかという問題がある．すでに述べたように，畝間灌漑のように過剰灌漑が避けられないこともあるし，農家は過剰に灌漑する傾向にある．個々の農地に対する灌水量を測るのが難しく，水量ではなく畑面積に応じて料金が決められていることも過剰灌漑の一因である．その結果，河川で取水した水量の約3割しか作物生育には使われていないという地区も見られる．わが国を含むモンスーンアジアのように毎年多量の雨水が地下水に到達するような環境では，過剰灌漑は単に水の無駄遣いであるが，灌漑が農業にとって必須の半乾燥地帯では塩害を引き起こす危険がある．この点は章を改めて説明する．

---

わが国で灌漑といえば水田灌漑を指すほど，水田農業の長い歴史の中で水の確保は最重要課題であり続けたが，今ではほぼ完璧な水配分システムが完成している．一方，気象条件から見て畑地灌漑は必須ではなく，水不足が畑作物の収量に与える影響は少ない．もっとも，コメ以外の作物の大半を輸入しているので気がついていないのかもしれない．世界の畑地灌漑は，その土地固有の水循環や生態系を撹乱しながらも，「1滴の水からより多くの生産を」という目標に向かって現在も進められている．

## コラム：Runoff farming

　傾斜地では，土壌侵食を防ぐために極力 runoff(表面流出)を防止するような栽培法が普通であるが，伝統的な農業の中には面白い農法がある．乾燥地域では降雨強度が大きく降水量は少ないので，傾斜地の表面流出水を底部に集める農業がある．有名なのは古代ネゲブ沙漠(イスラエル南部)で行われた農法である．典型的な農地の単位は 0.5〜5 ha であり，背後に 10〜150 ha の集水域を持っている．表面流出水を供給する斜面の面積と，水を受ける農地との面積の比率は 20:1 から 30:1 である．いま，25 ha の斜面が降雨量 100 mm の 10%の水を 1 ha の農地に供給するとすれば，農地で得られる水の量は流入水の 250 mm と自らの農地に降った雨 100 mm の和の 350 mm となる．この量は丁度一作の栽培に十分だったという．アメリカとメキシコの国境付近の年降雨量 300 mm の丘陵地帯でもトウモロコシ栽培を行ってきたズニ(Zuni)という伝統的 runoff farming がある．ここでも，雨水を山地に涵養するのではなく，速やかに流出させて水と養分(懸濁水)を底部の農地に集め，水の確保と肥沃度の維持を行う．流域(山)の面積が小さいので，流出が速くなおかつ大洪水にはならないという地形条件を利用しているところが面白い．流域面積と農地の比率は平均して 25:1 であり，ネゲブ沙漠とほぼ同じ値である．

# 第11章　土と環境問題

　文明の歴史と土との関係を解き明かしている名著「土と文明」の中で，著者のカーターとディール(1995)は「文明人は地球の表面を渡ってすすみ，その足跡に荒野を遺していった」と書いているように，農業は古来より自然を破壊してきた．そして，多くの古代文明が滅びたのも土壌劣化により都市住民に食料を供給することができなくなったためと指摘している．持続可能な農業が叫ばれている現在においても，土壌劣化は拡大し続けている．開発途上国では自然生態系の破壊が，そして先進国では昔はなかった地下水の硝酸塩汚染というような有害物質による汚染問題も引き起こしている．世界の農業適地は限られており，耕地面積が縮小傾向にある現在，土壌劣化は食料生産をさらに低下させる．現在の世界の食料問題の根源は配分の問題であって生産量の問題ではないが，土壌劣化に歯止めがかからなければ早晩，生産量の問題になってくるだろう．

## 11.1　硝酸塩過剰

　農業現場では，収穫物を農地の外に持ち去る．そのため，土壌は痩せていく方向に進むので肥沃度の維持が課題であり，長い農耕の歴史の中で人為により養分を補給することが行われるようになってきた．しかし，現在のわが国のように肥料が大量に投入されるようになると，施肥により農地に投入される養分の量が収穫物によって農地の外に持ち出される養分の量を上回ることになり，土中に養分が蓄積することになる．これが余剰である．この余剰が土中にとどまれば，農地の外の環境を汚染することはない．リン酸やカリは土壌に吸着されるため，土粒子を巻き込んだ移動以外では農地から出てくることが少ないのに比べ，窒素化合物は土中で形態変化し畑状態では硝酸塩になり，土中水に溶けた過剰な

硝酸塩は地下水や水系に流入し汚染につながる．表 11-1 にいくつかの作物の標準的な窒素施肥量を示した．窒素固定を行う根粒菌と共生するダイズの施肥量が少ないのは別としても，作物によって窒素施肥量はずいぶん異なり，多量の窒素を必要とする野菜があることがわかる．また，同一作物であっても作土の窒素含有率や，多収を取るか食味を取るかといった選択肢によっても施肥量は異なる．

　表 11-2 には畑に投入した窒素（化学肥料＋堆肥＋作物残渣など）量から収穫物として畑の外に持ち出した窒素を引いた余剰窒素（栽培後農地に残った窒素量）を示してある．この表から穀物は畑に窒素を多く残さないが，野菜や茶は多く残すことがわかる．降水が硝酸塩を含まない場合，年降水量が 1,500 mm，蒸発散量が 700 mm の地域では，差の 800 mm の

表 11-1　作物の標準的な窒素施肥量

| 作物 | 窒素施肥量 (kg ha$^{-1}$) | 作物 | 窒素施肥量 (kg ha$^{-1}$) |
|---|---|---|---|
| イネ | 60-100 | タマネギ | 150 |
| コムギ | 70-120 | ハクサイ | 200 |
| ダイズ | 30 | トマト | 100 |
| ジャガイモ | 40-100 | キュウリ | 200 |
| トウモロコシ | 120 | カボチャ | 100 |
| ビート | 120-160 | | |

表 11-2　1 作当たりの余剰窒素　上沢 (2000)

| 作物 | 余剰窒素 (kg ha$^{-1}$) | 栽培面積 (千 ha) |
|---|---|---|
| イネ | 40 | 1,700 |
| ムギ類 | 87 | 97 |
| マメ類 | 11 | 101 |
| イモ類 | 89 | 160 |
| 葉茎菜類 | 257 | 166 |
| 根菜類 | 202 | 115 |
| 果菜類 | 318 | 135 |
| 茶 | 270 | 44 |

浸透水に余剰窒素全量が硝酸塩として溶けるとすると，土中水の硝酸態窒素濃度は余剰窒素が 88 kg ha$^{-1}$ のムギ類・イモ類では，

$$\frac{88 \times 10^3 \times 10^3 \text{ mg}}{0.8 \times 100 \times 100 \times 10^3 \text{ L}} = 11.0 \text{ mg N L}^{-1}$$

となる．また，野菜の余剰窒素を 262 kg ha$^{-1}$ とすると硝酸態窒素濃度は 32 mg N L$^{-1}$ となる．一方，イネでは栽培期間中に雨に加えて灌漑用水が加わるため，図 7-4 の水収支を用いると，浸透量は 1,440 mm となる．灌漑水の硝酸態窒素濃度を 1 mg N L$^{-1}$ とすると，浸透水の硝酸態窒素濃度は 3.6 mg N L$^{-1}$ と小さな値を示す．非灌漑期の降雨による浸透量も考慮すると濃度はより低くなる．環境省による人の健康保護に関する硝酸態窒素の水質環境基準は 10 mg N L$^{-1}$ である．土中水に溶けた硝酸態窒素の一部は脱窒によって消失する可能性もあるが，野菜では地下水汚染を起こす危険性が非常に高い．

図 11-1 は全国の農地を対象にした窒素収支を示しており，余剰窒素が 92 kg ha$^{-1}$ 存在することを示している．この余剰窒素を全国の農地に均等に散布すれば，穀物がもう 1 作収穫できる膨大な量である．少し古いデータであるが，1991 年の農水省の調査によると，硝酸態窒素が環境基準を

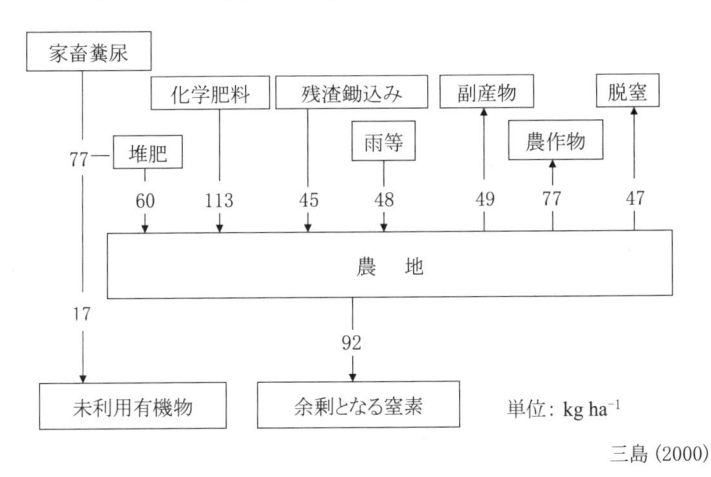

図 11-1 農業生産に伴う窒素フロー

三島 (2000)

超えたのは，水田地帯の井戸水は1%であったのに対し，畑作地帯の井戸水では約1/3に達している．また，1999～2002年の北海道の調査では，調査した9,500本余りの井戸のうち環境基準を超えた井戸は全体の5.7%であり，水田地帯の上川地方では基準を超えた井戸が1.3%に対し，網走地方では30.7%となっている．この差は水田が主体の上川地方の農業と酪農と畑作が主体の網走地方の農業の違いを反映していると考えられる．飲み水の硝酸塩汚染は畑農業が主体のEUでより深刻である．

　農業由来の硝酸塩汚染を防ぐためには，窒素肥料を多く必要とする作物を連作しないこと，土中の余剰窒素をムギ類などに吸収させ，青刈りを行って次の作物の窒素肥料として有効に使うことなどが考えられる．また第7章で述べた水田の水質浄化機能を活用できるところもある．種を播き，肥料を施す時期の多くは雨の多い時期に相当し，窒素の溶脱が起こりやすいため，施肥方法の検討も必要であろう．有機質肥料に含まれる窒素の作物に対する反応は異なるかもしれないが，作物が利用できなかった窒素の量が化学肥料と同じならば土壌汚染に対しても同じように働く．有機質肥料といえども決して環境に優しくない．

　畑作物の栽培のほか，家畜の飼育も環境汚染の危険性を伴っている．例えば搾乳牛1頭の糞尿からは1日303.5gの窒素と44.2gのリンが排出される(原田，2000)．牛を1haに1頭飼育し，降水量から蒸発散量を引いた浸透水量が800 mmであるとすると，浸透水の濃度は13.9 mg N L$^{-1}$となり，環境基準を超える．見方を変えれば，1頭の牛は年間に111 kgの窒素に加え，リンも16 kg生み出すことになる．特に窒素の量は，1 haの農地に適切な作物を栽培すれば，表11-1に見るように，窒素肥料の全量をまかなえる量である．家畜の場合は飼養頭数と糞尿を堆肥化などにより還元できる農地面積との関係が非常に大切になる．低コスト化を目指し輸入飼料を使った酪農の大規模化は，排出される糞尿が農地に還元できる容量を超え，環境汚染を引き起こしている．安い乳製品の裏では環境汚染を伴っていることに対して，受益者に責任がないとはいえない．

窒素と並んでリンによる水系の汚染が問題となっているところもある．リンはほとんどが土粒子に吸着され，土壌溶液の濃度が問題となることはほとんどない．水田では代掻きを行った後，稚苗で田植えをするために，イネが水没してしまわないように，代掻きで濁った水を排水して湛水深を下げる．この濁水に含まれる土粒子に吸着されたリンが水系を汚染する例が認められている．カリ肥料による環境汚染は聞かない．

## 11.2 土壌侵蝕

### 11.2.1 正常侵蝕と加速侵蝕

土壌侵蝕には正常侵蝕と加速侵蝕があり，正常侵蝕は水，風，温度の作用により，土地を平準化する自然の営力であり，加速侵蝕は人間の手による侵蝕である．また，土壌侵蝕には水が土を巻き込んで地表面を削る水蝕と，風が乾いた土を巻き上げて持ち去る風蝕とがある．気候や母材によりもちろん異なるが，一般的にいわれていることは，30cmの土ができるのに1万年かかるということである．伝統的な農業は，その土地で長年にわたって農業を行ってきたことからわかるように，土壌侵蝕を生じさせないような農法を採用してきた．アメリカの農業がどのような経過を経て侵蝕が問題となったかを久馬(1995)の説明をもとにすると，次のようになる．機械化農業以前は，①畜力利用と土壌肥沃土維持のため，広く家畜の飼養が行われ，輪作の中で牧草類の占める割合が高かった．これにより，土地を被覆し侵蝕の危険性を小さくしただけではなく，土壌への有機物(堆厩肥)の供給により土壌構造や排水性(浸入強度)が維持された．②機械化農業になってからは，家畜飼養が不要となり，飼料畑に代わってコムギ，トウモロコシなどの商品作物の栽培面積が拡大し，さらに効率を上げるため単作化へと向かった．③そのため，農地への有機物還元量が減少し，化学肥料に頼ることになった．また，機械の踏圧による土壌圧縮も生じた．④その結果，土の健全性(多様な生物のいる土壌生態系)が崩れ病害が多発した．農薬の使用はさらに土中の生態系を

不安定化させるといった悪循環を繰り返すことになった．⑤さらに，単作であるため，収穫後は裸地で放置され，雨が直接土壌表面を叩くことになった．このような土壌構造の悪化や裸地期間の増大により，アメリカの全耕地面積の約半分に相当する8,400万ha以上では土壌侵食が主要な問題となっており，水蝕と風蝕を合わせた侵蝕量は1年当たり15.2 t ha$^{-1}$となっているといわれている．土壌侵蝕により1 mmの土壌が削られるとその質量は1 ha当たりおおよそ10 tである．

先進国のアメリカに対し，開発途上国の土壌侵蝕としては伝統的な焼畑農業の崩壊がある．休閑期間が10～15年であったモンスーンアジアの焼畑農業は水田農業と並んで伝統的な持続可能な農業であった．しかし，人口の急激な増大は，焼畑の休閑期間を非常に短縮した．その結果，収穫後の焼畑は裸地状態に置かれる頻度が高くなり土壌侵蝕が加速している．一例として，ラオス北部のもともとの焼畑地帯では，森林の保護，住民の定住化，子供の教育などの政策により焼畑の面積が非常に縮小された．その結果，農家は土地を長期に休ませることができず，陸稲を2～3年ごとに無施肥で栽培するようになっており，農地からの養分収奪による土壌劣化と土壌侵蝕が進行している．

### 11.2.2 水蝕を引き起こす要因

土壌侵蝕に関する試験はアメリカにおいて1930年代から勾配9%，長さ22 mの傾斜畑を全国に作って行われ，膨大なデータを解析することにより図11-2に示す汎用土壌流亡式が提案されている．

すなわち，侵蝕量は，降雨係数($R$)，土壌係数($K$)，地形係数($LS$)，保全係数($P$)，作物係数($C$)の積で表される．積の値が大きいほど侵蝕量が多い．降雨係数は雨の強さに関係し，熱帯では温帯よりも強い雨が多く降雨係数は大きい．また，瀬戸内海や北海道の雨は九州，紀伊半島の雨に比べて弱いので降雨係数は小さいというように，降雨の地域性も表す．土壌係数は侵蝕を受けやすい土か否かの指標であり，粘土分の多い灰色低地土は火山灰土に比べて侵蝕を受けにくいといった土の性質を表す．

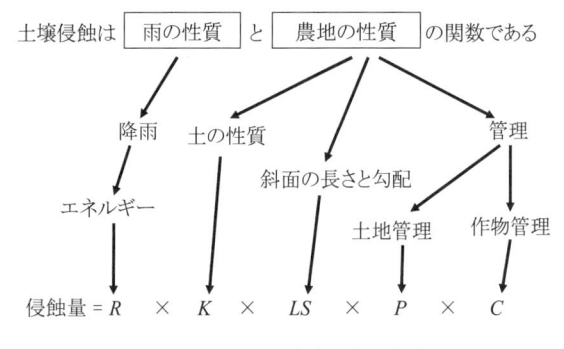

図11-2 汎用土壌流亡式の構成

　地形係数は斜面の勾配と長さの積であり，勾配が急で長い斜面ほど係数は大きくなる．保全係数とは，傾斜に沿って畝を作った場合には侵蝕を受けやすく，傾斜に直交するように畝を作った場合には侵蝕を受けにくいことを数値で表している．そして作物係数とは，播種前や収穫後のような裸地状態では最も侵蝕を受けやすいので1年生作物では係数は大きく，牧草のように地表面を完全に覆ってしまう作物では侵蝕を受けにくいので係数は非常に小さい．ある場所で農業を行う場合には，$R, K, LS$は固定されてしまうので，汎用土壌流亡式は栽培する作物と土地管理が重要であることを示す式でもある．

### 11.2.3 水蝕の発達

　雨の強度が浸入強度を超えると，雨水が地表面を流れるようになり水蝕が始まる．よく観察すると，雨の強度が一定でも，最初はしみ込んでいた雨の一部はそのうち地表面を流れるようになる．その原因は第2章の浸入現象のところで説明したように，浸入強度が時間とともに低下していくこと，雨滴により土塊が崩壊し，透水性の悪い薄い層であるクラストができることである．クラストができる原因となる雨滴のエネルギーは表面流出として泥を巻き込んで流れる水のエネルギーよりもずっと大きい．雨滴の落下速度を $8\,\mathrm{m\,s^{-1}}$ とし，雨の半分の量が土を巻き込んで秒速1mで斜面を流下すると仮定する．運動エネルギーは速度の2乗に

比例するので，雨滴が地表面を叩くエネルギーは斜面を流れる濁流の運動エネルギーの 128 倍ということになる．

クラストが形成されると，雨水の土中への浸入強度は非常に低下する．その結果，土中へ浸入できなかった水は細かな粒子とともに斜面を流れるようになる．そして，流水はやがて土壌表面を削っていく．このようにして侵蝕が生じる．侵蝕の最初は，土粒子は水とともに地表面を流れていくが，そのうちに土が削られて細かな樹枝状の多数の溝が発達してくる．この段階をリル侵蝕という．さらに侵蝕が発達すると，大きな深い溝が形成され，大量の土砂が流亡する．この段階をガリ侵蝕という．耕耘作業によって修復が可能な侵蝕をリル侵蝕，不可能な侵蝕をガリ侵蝕と区別している．写真 11-1 にガリ侵蝕の例を示す．もともとは緩傾斜のコムギ畑に深い谷が発達した深刻な例である．

写真 11-1　ガリ侵蝕(エチオピア)

### 11.2.4　風蝕の現状

農業基本法が制定され，裏作ムギの栽培から撤退してしまった 1960 年代の東京の郊外では，春先に空が黄色になるほど軽鬆(けいしょう)な関東ロームが風で巻き上げられ，家の中がざらざらになることが毎年あった．農地が消えてビルが建ち，アルミサッシのような密閉式の家が立て込んでいる今では想像もつかないことである．風蝕で大変有名な例がアメリカのグレートプレーン地帯のダストボールである．風が強くて広大な半乾燥地の

畑にプラウ耕を導入したことによる．1930年代の風蝕のすさまじかった頃の状況は，スタインベックの「怒りの葡萄」に書かれている．ダストボールは過去のものではなく，現在のサブサハラのサヘル地域で同様のことが起こっている．中国から毎年運ばれてくる黄砂は歴史的な現象であるが，最近は中国の農業開発が風蝕を加速させているともいわれている．半乾燥地で植生が取り去られて裸になり，制御不能な侵蝕や土壌劣化の起こるプロセスを今では沙漠化 (desertification) と呼んでいる．

### 11.2.5 侵蝕防止の難しさ

伝統的な農業にはすでに述べたように，土壌侵蝕を起こさないような仕組みが備わっていた．しかし，効率化，低コスト化を目指し，長大な傾斜畑で単一作物を作らざるを得ない農業，短期的に収益を上げることだけを目指した農業では土壌侵蝕を防止することはできない．開発途上国においても，子孫に豊かな農地を残すよりも明日の糧を得るために土は犠牲にされて，激しい土壌侵蝕が起こっている場所がある．さらに，世界の各地で起きている森林伐採と傾斜地の開墾も土壌侵蝕を増大させている．傾斜地によっては毎年 $100 \sim 200 \, t \, ha^{-1}$ という膨大な侵蝕量が観測されている．

現代農業は土壌侵蝕にもかかわらず収量を上げてきたが，それは施肥，品種，水管理などによって実収量が上がっているのであって，土が肥沃になって可能収量が上がっているのではない．土は短期的には打たれ強いが，ひとたび劣化してしまうと回復が非常に困難である．土は地球上の生物にとってかけがえのない財産なのである．

土壌侵蝕は深刻な世界的な問題であるが，わが国では大きな問題となっていない．それは，年間降水量が世界平均の約2倍あり明瞭な乾季がないため，放っておくと畑は雑草に覆われてしまうこと，収穫後の裸地状態になる冬には強い雨があまり降らないことがあげられる．日本の畑作は雑草との戦いであるといわれてきたのはこのような状況の裏返しでもある．

## 11.3 塩　　害

### 11.3.1 塩害の原因

　半乾燥地帯の灌漑は危険と隣り合わせである．灌漑で約束されることは収量増である．一方，灌漑に伴う危険は，水資源の減少と植物の生育に影響するほど塩濃度が高くなる塩類化および地下水位が地表近くまで上昇し，窪地では湛水が生じるウォーターロギング(waterlogging)である．ウォーターロギングになると，作土は飽和水分状態に近くなり，例え塩濃度が小さくても湿害により畑作物の栽培はできなくなる．半乾燥地帯における作物栽培では灌漑が必須なため，水源から用水路で水を運び農地に灌漑する．しかし多くの場合は土水路であるため相当量の水は農地に到達する前に失われることに加え，畦間灌漑が主体であるためどうしても過剰に灌漑してしまう．その結果，地下水位が上昇する．半乾燥地の土壌にはもともと塩類が含まれているため，浅くなった地下水から毛管上昇により水と塩が地表面近くまで移動する．地表面で水は蒸発してしまうため，地表近くの土中水の塩濃度が高まり，植物は水と養分を吸収できなくなる．これが塩害のメカニズムであり，塩害の激しい地域では塩が地表面に白く集積している(写真11-2)．塩害は自然状態で生じるのではなく，

写真11-2　塩害を受けている綿花畑(新疆ウィグル)

灌漑農業に起因して生じることが多い．ただし，降水量が蒸発散量を上回るモンスーンアジアのような地域では，土に含まれている塩類は長い間に溶脱されてしまっているので，灌漑農業により地下水位が上昇しても塩害は生じない．塩害は土性にも関係するが，一般に地下水位が2〜3 m より浅くなるとその危険が増すといわれている．

　灌漑農業に起因しない塩害としては次のような事例がある．森林を伐採して農地化すると，浸透量が増える．それは，森林では樹冠が雨水の一部を一時的に貯留し直接大気に蒸発させること，森林では1年中蒸散が生じていることに比べて，1年生作物では播種前後や刈り取り前後では蒸散の寄与が少なく，年間を通して見ると蒸発散量が少なくなるという理由による．そのため，浸透水量の増加に伴って徐々に地下水位が上昇し，土中に塩が含まれている場合には塩害が生じる．このような例は，オーストラリアやアメリカで見られる．一方，東北タイでは森林の伐採により増加した浸透水が地中深くの岩塩層を通り抜け，下流部の農地に流出し塩害を起こしている．いずれも自然現象で塩害が生じたのではなく農業活動に起因する点では灌漑と同じである．

### 11.3.2　灌漑で塩が溶脱されない理由

　灌水量（下向きの水移動）が蒸発散量（上向きの水移動）よりも多いから地下水位が上昇するのであるから，土に含まれている塩類は下方に押しやられるはずであり地表に集積しないのではないかという疑問は当然起こるだろう．したがって，塩害の原因は水の移動量ばかりではなく移動する水の形態にも着目しなければならない．畝間，もしくは地表全面に湛水をして灌漑を行う場合，第2章および第9章で説明したように，粗間隙を水が流れるバイパス流が生じてしまう．そのため，マトリックス内の小さな間隙に含まれる塩は浸透から取り残されることになる．一方，土壌面蒸発に伴う上向きの水移動は不飽和状態で生じるので，大きな間隙は空気に置換されて水移動に関与せず，小さな間隙の水が流れるマトリックス流であるため，マトリックスに含まれている塩を一緒に運ぶ．

つまり，1 時間に 10 mm の浸透水が下方に移動させる塩の移動距離は，4 日かけて 10 mm の水が蒸発によって上向きに運ぶ塩の移動距離よりも短いことになる．これが，灌水量が蒸発散量を上回るのに塩害が生じる原因である．

### 11.3.3 地表に塩が析出する理由

どうして，地下水が浅いと地表に塩が析出するかを考えてみよう．理科の実験で使うアルコールランプを思い浮かべるとよい．アルコールが少ないときは，液面から芯の上端までの距離が長く，毛管力によって供給されるアルコールの量が少なく，炎は弱い．しかし，アルコールを補給して液面を上げると，毛管力により多くのアルコールが供給され，炎は勢いを増す．つまり，地下水位が深いときは毛管上昇によって地表に到達し蒸発する水量は少ないが，地下水位が浅くなると毛管上昇で地表に達する水量が増加する．その結果，多量の水が蒸発した地表近くには塩だけが取り残される．塩害が生じるためには地下水位の深さは重要な要素であるが，土の不飽和透水係数もまた重要である．海岸の近くでは少し穴を掘ると塩水が出てくるが海水の塩分が地表面に析出することはない．また，粘土分の多い土は地表面のみが乾燥して硬くなるが塩は集積しない．これは，図 2-8 に示したように，乾燥(マトリックポテンシャルの低下)により不飽和透水係数が非常に小さくなるためである．これに対して，適度に粘土やシルトが含まれている土では不飽和状態でも透水性がよいため塩害を起こしやすい．図 2-8 の火山灰土のような不飽和透水係数を持っている土では，塩害の危険性は非常に高い．

### 11.3.4 灌漑水の塩濃度が高いことによる塩害

半乾燥地では土に塩が含まれていること以外に，灌漑水に塩が含まれていることに起因する塩害がある．この原因は土壌面蒸発に加えて，植物の根は水を吸収するが，塩を吸収しないため，土中の塩濃度が高くなり作物が障害を受けることによる．灌漑は間欠的に行うけれども，長い間同じような灌水法で農業を行っている場合，灌水は一定強度で継続し，

それによって形成される土層中の水と塩の分布はある決まった形になる（定常状態と見なす）と考えることができる（ジュリーとホートン，2006）．

理解を助けるために適当な数値を使って考えてみよう．作物の根群域は100 cm あり，どの深さからも等しく土中水を吸水すると仮定する（この仮定は第 10 章の畑地灌漑で述べた根による土壌水分消費の形と異なり，大変単純化している）．灌水量を 100 mm とし，深さ 100 cm の土層から無駄に排水される水量（深部浸透量）を A では 20 mm，B では 50 mm とする．灌水量に対する排水量の比を洗脱割合（leaching fraction）というので，A, B の洗脱割合は 0.2 および 0.5 となる．根群域を 25 cm ごとに区切り，根は水のみを吸収し，塩は吸収しないと考えると，各深さを横切る水の量と塩の濃度は表 11-3 のようになる．ここで，灌漑水の塩濃度を $C(mg L^{-1})$ とした．例えば，深さ 50 cm の水量が 60 mm とは，深さ 50 cm を通過する水量が 60 mm であることを意味し，1.6 C とは塩濃度が灌漑水の塩濃度の 1.6 倍であることを意味する．

根が健全に機能する限界塩濃度が 5 C であるとすると，A では灌水した水のうち 80 mm は作物に利用される．一方，限界塩濃度が 2 C とすると，B のように灌水した水のうち 50 mm しか作物に利用できないことになる．作物が収穫までに必要とする水の量は大体決まっているので，

表 11-3 灌漑水に塩が含まれているときの土壌水の塩濃度

| \multicolumn{3}{c|}{A} | \multicolumn{3}{c}{B} |
|---|---|---|---|---|---|
| 深さ (cm) | 水量 (mm) | 塩濃度 (C) | 深さ (cm) | 水量 (mm) | 塩濃度 (C) |
| 0 | 100 |  | 0 | 100 |  |
| 25 | 80 | 1.25 | 25 | 87.5 | 1.1 |
| 50 | 60 | 1.6 | 50 | 75 | 1.3 |
| 75 | 40 | 2.5 | 75 | 62.5 | 1.6 |
| 100 | 20 | 5 | 100 | 50 | 2 |

無駄に流す水がなく 100 mm の水すべてを使う場合に比べ，20 mm, 50 mm の水を無駄にする場合の灌水量は 1.25 倍もしくは 2 倍にもなってしまう．

実際の対処法は，根群下端の塩濃度をある濃度以下に抑えるのには灌水量はどれだけにしなければならないかという問題になるが，そもそも水が不足して灌漑農業に頼らざるを得ない地域で，作物生育に必要とされる水以上の無駄な水を使わざるを得ない．さらに，無駄な水の量が多ければそれだけ地下水位を上昇させる危険も高くなるというところに乾燥地農業の難しさがある．

### 11.3.5 除　塩

　塩害地には単に地表に塩が集積しているだけではなく，地下水面が非常に高くなり，ウォーターロギングを起こしている場所もある．このような地下水位が高い農地では，排水路を掘削して地下水位を下げることから始めなければならないが，排水路に集められた塩水の処理が難しい．河川に流すと，下流の灌漑用水の塩濃度が高くなってしまい，塩害が上流から下流へと移動したにすぎないことになる．このような場合は農地の修復は困難であり，放棄するしかない．福島の原子力発電所の事故により飛散したセシウムを洗い流すことによる下流汚染と同じと思えば，除塩の難しさがわかるだろう．

　灌漑水の塩濃度が低く，地下水位が深い場合には，除塩のための灌漑を行うが，過剰に行うと地下水位の上昇を招く．一度に大量の灌水を行う畝間灌漑や湛水灌漑では，水は，乾燥によってできた亀裂のような大きな間隙を選択的に流れるバイパス流が生じ，土中の塩を洗い流す作用は小さいことはすでに指摘した通りである．灌水量が同じならば，湛水が生じないような灌漑強度で灌水する方が塩をより効果的に洗い流すことができる．スプリンクラーやセンターピボットのような灌漑法が考えられる．また，除塩する土層厚を薄くするのも 1 つの方法である．作物根は，塩分濃度が少なく，水の十分ある部位で分化，発達するので根群の深さ自体は問題にならないだろうが，根群を浅くすると，有効水分量も少なくなるため，1 回の灌水量を少なめにして頻繁に灌水しなければならなくなる．このような手法の究極は点滴灌漑ということになるが，

穀物のように広い土地を使う農業ではコスト面で難しい．除塩に関しては，灌水方法ばかりでなく，除塩がある程度進むと，土の透水性が低下するという問題がある．これは，除塩により土壌溶液の濃度が低くなると粘土粒子がばらばら(分散という)になることに起因する．この現象はナトリウム塩を多く含む土で顕著であり，除塩には非常に長時間を要することになる．

日本では塩害が生じないため，塩類土壌については一般によく知られていない．塩類土壌には，塩濃度が高くなることによる生育阻害である塩類化のほか，ナトリウム化，アルカリ化がある．ナトリウム化は粘土が吸着する陽イオンに占めるナトリウムイオンの割合で，その値が高くなると作物の養分吸収は阻害される．また，アルカリ化は高 pH 土壌になることであり，これも作物生育に障害をもたらす．本節では土中の塩が移動するメカニズムについて説明したが，塩類土壌の理解と改良には，土のイオン組成，溶解と沈澱の化学など土壌化学の知識が不可欠である．

---

硝酸塩過剰，土壌侵蝕，塩害の3つを取り上げた．硝酸塩過剰は先進国の問題であり，解決の方法もはっきりしている．一方，開発途上国では高価な窒素肥料を手に入れることができず，窒素不足による低収から脱却できないことと作物による養分収奪による土壌肥沃度の低下が問題となっている．土壌侵蝕と塩害は日本において問題となっていないだけで，科学的な因果関係がはっきりしても，小さな農家にとってはどうしようもなく，解決の道筋が見えない世界的な問題である．肥沃度の低下を含め，土の劣化に立ち向かわないと，将来とも増加し続ける世界の人口を養うことは難しい．日本の自然と土のありがたさを実感する．

## コラム：メソポタミア文明の滅亡とナイル文明の繁栄

　チグリス・ユーフラテス川下流部に発達したメソポタミア文明とナイル川河口近くに発達したエジプト文明はともに半乾燥地域にあり，灌漑農業が必須の地である．ところが，メソポタミアの農業は衰退し，ナイルの農業は，アスワンハイダムの建設以降悪化しているとはいえ，現在まで 5,000 年近く繁栄を保っている．両者の違いは塩害を起こしたか回避したかの違いといわれている．土壌物理学者のヒレルは次のように説明している．

　チグリス・ユーフラテス川の上流では，森林の伐採と過放牧が行われたため，洪水によって大量の土が河川に流入し，下流部の河床が上昇して，天井川となった．その結果，下流部では灌漑水に加え，河床からの浸透水により地下水位が上昇した．農地の下層には塩が含まれていたため，地下水位が浅くなり毛管上昇が活発になると，地表に塩が集積し始めた．初期においては，この塩を除くため，多量の灌水をして塩を下方に洗い流した．その結果，地下水位はますます上昇し，さらに灌漑水にも塩が含まれていたため，地表への塩の集積は進行し，ついには不毛の地となった．

　エチオピアに端を発するナイル川も毎年洪水を繰り返し，土を下流に運んできた．しかし，その量はチグリス・ユーフラテス川に比べて少なく，農民にとっては肥沃な土の供給を受けることになった．洪水期には，農民は農地の周りを高い畦で囲み，約 1 ヶ月間農地に水を湛水し(ベイスン灌漑)，その後水が浸透してしまってから種子を播いた．この湛水は土壌を十分に湿らせるとともに，洪水前に地表に集積した塩を下方へ洗い流す役割もした．また，ナイル川は洪水の後，水位が低下し，周辺農地からの浸透水を排除する排水路の機能も持っていた．さらに，メソポタミアの洪水は春にきて，夏の激しい蒸発散で塩が上昇するのに対し，ナイルの洪水は秋にきて翌年の夏は裸地で経過するという違いもあった．食料の供給が絶たれたとき，文明は消滅するのである．

# 第 12 章　生きていくために

　私たちは毎日，食料と水とエネルギーを消費して生きている．そして多くの食料とエネルギーを海外に依存している．2005年のデータによると，わが国には469万haの農地があり，穀物自給率が28%である．そのため，海外には約1,200万haの農地を持ち，合計1,670万haの広大な面積を使って豊かな食生活を楽しんでいることになる．本章では，このような食料生産に必要な土地面積に加え，食料生産に必要とされる水の量，食料を生産して口に入れるまでに使われるエネルギーについて考えることにする．

## 12.1　土　　地

### 12.1.1　1人が生きていくための土地面積（過去）

　現在でもアフリカの一部には採集と狩猟によって暮らしている部族がいるが，農業が始まったのは1万年から1万数千年前であるので，500万年といわれる人類の歴史の大部分は採集と狩猟の時代であった．狩猟時代の人口密度から計算すると，1人が生きていくための土地はおおよそ30 km$^2$といわれる（谷野，1997）．そして，採集される植物種の数は1,000種から1,500種もあり，採集にはそれほど時間や労力を必要とせず，労働時間も1週間に2～3日の十数時間程度であったという（ジャックR・ハーラン，1984）．現代の日本人よりもずっとゆとりのある生活をし，生活習慣病はもちろんなかったという．次の焼畑時代はどうであろうか．焼畑農業を非常に原始的な農業であるとか，環境破壊の元凶であると指摘する意見があるが，焼畑は非常に長期に継続していたことから，合理的，持続的な農業であるといえる．わが国の畑作はもちろん焼畑から始まっている．このような伝統的な焼畑は，森林に火入れをして1～2年陸稲や

雑穀を栽培して放棄し，10〜15年後に再び戻ってくるという農法である．これも人口密度から推定すると1人が生きていくための土地はおおよそ7 ha といわれている(久馬，1997)．

さて，水田農業はどうであろうか．わが国では大和朝廷が大化の改新で律令制度を敷き，公地公民，班田収授法(646年)が定められた．班田収授では，6歳以上の男子に2反(当時の1反は0.12 ha)，女子にはその2/3の口分田を授けて終身使わせ，収穫物の一部を租税とした(山崎，1996)．当時の人口は約500万人である．条里制により整備された水田の区画は1反である．さらに，1反は水田における田植え，稲刈りの1日の作業面積であると同時に，収穫されるコメ(約150 kg)が成人1年間の食料に相当した．このようなことから，近代化以前に1人が生きていくための農地は約0.1 ha と考えてよいだろう．昔から東南アジアは人口稠密地域であり，伝統的な水田農業では1人が生きていくための農地は約0.1 ha といわれていることとも符合する．農地面積が少ないのは，第7章で説明したように水稲の生産性が高いためである．

## 12.1.2　1人当たりの農地面積

それでは現代において，1人が生きていくためにはどのくらいの農地が必要であろうか．計算をするのに際して難しいのは，作物の収量としてどのような値を与えるかである．現在のわが国のように機械化，化学化した農業は持続可能な農業とはいえないが，とりあえず現在の収量を使って大まかに現状はどうなっているかを農地面積と食料自給率をもとに考えてみる．FAOでは，農地面積は耕地面積，リンゴやコーヒーなどの永年作物面積，永年牧草地面積の合計と定義しているが，ここでは一般的な意味で農地という用語を使うことにする．また，かつてのわが国では夏にイネ，冬にコムギのような二毛作があった．このように1つの農地を複数回利用することもあるため，本章で使う農地面積は断らない限り，作付面積と理解してほしい．

再び2005年のデータで見ると，わが国の人口は1億2,780万人で農地は

表 12-1　国民 1 人当たりの農地面積

| 国　名 | 面積 (ha) | 国　名 | 面積 (ha) |
|---|---|---|---|
| 日　本 | 0.037 | アメリカ | 1.415 |
| イギリス | 0.286 | インド | 0.150 |
| ドイツ | 0.206 | 中　国 | 0.109 |
| フランス | 0.494 | | |

約 469 万 ha であるので, 1 人当たりの農地面積は 0.037 ha = 370 m$^2$ となる. 諸外国の 1 人当たりの農地面積は表 12-1 のようである. アメリカは 1 ha を超えて大きいが, インドや中国でさえ, わが国よりも広い. わが国も北海道のみを対象とすると 1 人当たりの農地面積は 0.21 ha となり, ドイツと同程度になる. わが国の 1960 年代の農地面積は約 600 万 ha で人口は 1 億人弱あったが, そのときでさえ 1 人当たりの農地面積は 0.06 ha にすぎない. 現在は 0.037 ha の農地でカロリーベースの自給率が 40% であるので, 完全自給にするために必要な 1 人当たりの農地面積を計算すると 0.0925 ha となる. 北海道の自給率は 200% あり, それから計算しても同じような値になる. 1960 年当時の自給率は約 70% であった. これから逆算すると自給率が 100% では 0.08 ha 弱となる. また, 1990 年代まで中国は自給を維持してきたが, 当時と人口および農地面積が同じと仮定すると, 1 人当たりの農地面積がほぼ 0.1 ha となる. 面積としては大和朝廷時代と同じであるが, 現在の食生活は当時とは大きく異なる. 以上から, 1 人当たりの農地面積が 0.1 ha あれば, 食べ物に心配しなくて済みそうである. もちろん作物栽培に適した農地と温度, 水が前提ではあるが.

それでは, 現在の農地面積でわが国は絶対に必要なカロリーを自給できないかというとそうでもないようである. 農水省が 2004 年に面白い試算をしている. 熱量効率の高いイモ類を積極的に栽培すると, 1945～1955 年当時とほぼ同じカロリー (約 2,000 kcal) を供給できるようである. ただし, ご飯は朝晩に一杯のみで, イモが毎食出る. 反対に牛乳は 5 日置きにコップ 1 杯, たまごは 10 日に 1 個である.

## 12.1.3 食料生産に必要な農地面積

1人当たりの農地面積を370 m$^2$として，食料を得るための農地面積を計算してみよう．玄米の収量を5 t ha$^{-1}$とすると，白米換算では0.4 kg m$^{-2}$となる．コメの消費量を1年に60 kgとすると，1人当たり150 m$^2$の水田が必要とされる．昔のように無施肥で1反1石(1.5 t ha$^{-1}$)では370 m$^2$をすべて水田にしても56 kgしか収穫できない．ダイズは味噌や醤油として1人当たり年間40 kg消費される．ダイズの収量を2.0 t ha$^{-1}$とすると，必要な農地は200 m$^2$となる．日本人の牛肉消費量は6.4 kg(2005)である．牛をトウモロコシで育てるとすると，1 kgの肉を得るのに11 kgのトウモロコシが必要とされる．そこで，トウモロコシの収量を6 t ha$^{-1}$とすれば，1人当たり117 m$^2$の農地が必要になる．私たちは，牛肉のほかに豚肉を11.6 kg，鶏肉を10.1 kg食べている．トウモロコシは，豚肉1 kgには7 kg，鶏肉には4 kgが必要なので，肉を食べるためには320 m$^2$のトウモロコシ畑が必要となり，370 m$^2$の大半の農地を使ってしまう．肉を食べることはいかに効率が悪いかが理解できる．

## 12.1.4 世界の農地は足りないか

世界に目を向けると，世界の子供は5秒に1人，食料不足がもとで死んでいるといわれる．それでは，世界の穀物生産は絶対的に不足しているのであろうか．最近のデータでは，世界の陸地面積130億haの中で14億haの耕地を用いて約20億tの穀物が栽培され，70億人の人口を養っていることになっている．西川(2008)によると，1 tの穀物は年間6.7人を扶養する(1人当たり1石)から，20億tの穀物が取れれば，130億人以上を養える勘定であるが，食料と飼料用などを含む穀物は，先進国・移行経済国では1998年に9.5億t生産され7.3億t強(76%)が，途上国では同じく19億t生産され11.3億t(57%)が主として家畜飼料に向けられているという．つまり，世界の穀物生産の約2/3が家畜の口に運ばれた．国別の1人当たり年間の穀物消費量は，アメリカが953 kg，中国が288 kg，日本が262 kg，インドが175 kgである．前項で肉を食べること

は広大な農地を必要とすることを指摘したが，肉の消費量の違いが穀物消費量にも表れている．ちなみに，わが国の1人当たりの肉の消費量は中国や韓国よりも少ない．

　穀物メジャーの倉庫にコムギの在庫がたくさんあろうとも，それは飢餓に苦しむ人びとには決して回らない．穀物の価格は，収穫量，輸送経費(石油価格)の変動,投機的取引によって決定されるからである．また，先進国が安易に食料を援助することが飢餓に苦しむ国の農業振興を阻害しているともいわれる．さらに，IMFや世銀が貧しい債務国に対して，先進国で生産できない商品作物の栽培を押しつけていること，そしてほとんど情報を持たない貧しい農家が，世界を股にかけて農産物取引をしている商社,消費者団体と価格交渉をしている不合理が指摘されている．食料を生産して，飢餓を回避することに対しては農学に責務はあるが，現実の世界では，食料は損得勘定により偏在している．

## 12.2　食料生産に使われる水

　作物生産には水が不可欠であり，世界の水需要の7割が農業用に使われている．水田の多いアジアでは8割を超える．わが国の農業水利用は570億tと推定され，水需要全体の2/3を占める．農業以外の工業用水や都市生活用水の需要が増える中，水の需要と供給が逼迫し，「21世紀は水の世紀」ともいわれるようになった．特に，欧米の人たち(研究者，政治家を含む)の中には水田の浸透はロス(損失)であり,イネは水を無駄に使う作物であるという根強い意見がある．そこで，単にコメの生産に使われる水ばかりではなく食生活を含めて使われる水を試算してみる．

　水稲を栽培するために図7-4のように2,700 mm使用し，$6.8\,t\,ha^{-1}$の籾を収穫したとする．籾から玄米そしてお米として食べる白米に換算すると,各段階で20%がロスになるので64%に相当する$4.35\,t\,ha^{-1}$になる．コムギ栽培地域では700 mmの雨で$5.5\,t\,ha^{-1}$のコムギを収穫し,$3.85\,t\,ha^{-1}$のコムギ粉を得る．一方，肉牛(乳用去勢牛)を1 ha当たり2頭飼育し，

20ヶ月で体重800kgの牛を出荷し，1頭当たり460kgの肉を得る．エサはすべて700mmの雨で生育した牧草を食べることにする．以上の条件から，コメ1kgは6.2tの水を使い，コムギ1kgは1.8tを使い，牛肉1kgは12.7tの水を使う．コメはコムギに比べて3倍以上の水を必要とすることがわかるが，牛肉の生産にはコメの2倍以上の水を使う．

1年間に牛肉30kg，白米60kgを食べる人は約753tの水を使う．一方，1年間に牛肉60kg，パン30kgを食べる人は約816tの水を使う．ちなみに年間の肉類消費量(2002)はアメリカが122.2kg，イギリスが80.6kgに対し，日本は28.5kgである．農業で使う水は大量であるがそれにもまして，食生活が水消費量に大きく関わっていることがわかる．

図7-4の地表排水と再利用は反復利用されるとして用水量から差し引くとコメ1kgは2.2tの水を使うことになり，コムギの値に近づく．また，同じ水であっても雨水(green water)と灌漑水(blue water)では，料金の発生の有無や生態系に対する影響が異なるという見方もできる．農業用水の反復利用を含め「農業水利用」という用語は視点を変えることによってかなり恣意的にも使われる余地を含んでいる．なお，日本人が1日に使用する生活用水は323L(1998)であり，年間118tの水を使っている．そして，WHOでは，人間として生存するための権利として50L/日を確保すべきとしている．コメを炊くための水の量とイネを栽培するための水の量とは桁が異なることを理解して欲しい．

## 12.3 食生活に必要とされるエネルギー

人類は食べ物として1人1日当たり約2,000kcalがどうしても必要であり，最低限の衣と住，凍えないための薪炭などを考えると，1日に6,000kcalは基本的に必要な量といわれている．現在のアフリカ人は9,000kcalを使っているという．一方，日本人はなんと120,000kcalを消費している(舘野，2010)．エネルギーの使いすぎは明らかであるが，それでは食生活に使われるエネルギーはどのくらいであろうか．1日のカロリー摂取量は

年齢,性別によって異なるが,国民に供給されている食料から算出した供給熱量は大体2,600kcalであり,欧米の3,200〜3,600kcalに比べると約3割も少ない.しかし,供給熱量と国民が実際に摂取した食料から算出した摂取熱量の差が700 kcalもあるといわれている.廃棄と食べ残しである(農水省,2005).次に,食料を得るためには,農業機械を使う.機械を作るためそして機械を動かすためにエネルギーが必要である.このほか肥料や農薬の製造,運搬にもエネルギーが大量に使われる.食料生産のために費やされた投入エネルギーと農産物から得られる産出エネルギーを産出／投入比という.この値は表12-2に見るように,人力で農業を行うほど高く,大々的な機械化農業では小さくなる.産出／投入比が大きいほど持続可能な農業と考えることができる.わが国の典型的な稲作地帯では産出／投入比は約1である(袴田,1993).また十勝の輪作農業ではこの比は5.1である(koga,2008).穀物と違って野菜はビタミンを取るために必要であるが,カロリーはほとんどない.したがって,産出／投入比が万能ではないことも注意しなくてはならないが,温室栽培のようなエネルギー漬けの生産は明らかに行きすぎである.

自給率が40%のわが国が農業生産に使うエネルギーは,1人当たりに換算すると供給カロリーにほぼ等しいといわれる.さらに,生産物が人の

表 12-2 産出／投入比

| 作物など | 国または地域 | 動 力 | 施 肥 (kg ha$^{-1}$) | 収 量 (t ha$^{-1}$) | 産出/投入 |
|---|---|---|---|---|---|
| 焼き畑によるトウモロコシ・陸稲 | | 人 力 | | | >10 |
| イ ネ | フィリピン | 人力・畜力 | | 2.5 | 12 |
| イ ネ | フィリピン | 人力・畜力 | 50 | 3.6 | 8 |
| イ ネ | フィリピン | 人力・畜力・機械力 | 185 | 5.6 | 7 |
| ブッシュマンの採取 | 南部アフリカ | 人 力 | | | 3.9 |
| トウモロコシ | メキシコ | 人 力 | | 1.9 | 10.7 |
| トウモロコシ | メキシコ | 人力・畜力 | | 0.9 | 4.3 |
| トウモロコシ | アメリカ | 人力・機械力 | 151 | 7.0 | 3.5 |

久馬(1995), 宇田川(1988), Huke and Huke (1990)

口に入るまでには，輸送，包装，調理などにエネルギーを使う．その結果，生産から調理までにかかる化石エネルギーを計算してみると，1人当たりの供給熱量の約2.4倍(1990年半ば)となる(内嶋，2001)．つまり，生存エネルギーの2.4倍の化石エネルギーを利用していることになる．同じような考え方からアメリカ農業は，収穫される食物1 calに対して，機械・肥料そのほかで2.5 calの化石エネルギーを燃やし，加工，包装，輸送も含めると，朝食用の加工品3,600 kcalを作るのに約4.6倍の16,675 kcalを消費しているという(吉田，2008)．わが国の場合，食料生産供給システムに利用されるエネルギーはわが国の総消費エネルギーの5.7%といわれている．一方，地球規模で見ても，2008年の世界の総エネルギー使用量は15 TW(テラワット，1 TWは$1 \times 10^{12}$ W)であるのに対し，全人類が食料として消費するエネルギーはおおよそ0.1 TW，多めに見積っても0.5 TWであるので，人類は生存に必要な最低必須エネルギーより桁違いに多量のエネルギーを消費している(小川，2010)．

　21世紀に入ってから，農産物を利用してエネルギーを取り出すことが，食べ物と競合する状況になった．レスター・ブラウン(2007)は，8億人の車所有者と20億人の貧困層が同じ食料を巡って争う構図であると表現している．実際，50 Lのエタノールを得るのに110 kgのトウモロコシが必要で，この量はトウモロコシを主食とする人の年間の消費量に相当する．

## 12.4　これからに向けて

　日本人1人当たりの農地面積が世界的に見て非常に小さいこと，採算が取れない農産物は切り捨て，不足分を海外の巨大な農地に求めて輸入で補っていることは説明した通りである．一定の面積の農地を使って将来にわたって安定的な生産を続けるには様々な工夫が必要とされる．作物が土から取り去った養分を人工的に補給するといった化学的な収支はもちろん不可欠であるが，自然生態系に備わっている有機物の土への還元のような物質循環や，耕起をしないことにより生み出される多様性に

富んだ土の間隙構造は，土の持つ物質を貯留し，流す機能を適切に発揮させるための鍵を握っている．硝酸塩過剰，土壌侵蝕，塩害を取り上げたが，土は一度劣化してしまったら，修復させるのが難しい．放射性セシウムで汚染された農地，そしてかけがえのない作土を捨てざるを得ない農家の悲痛な思いは想像を超える．農地は決して使い捨てにしてはならない．

わが国のように水が潤沢な国では農業は水のありがたさをそのまま享受してきたし，将来もそうであろう．しかし，水が不足している国において，農業が最大の水消費分野であるということは，水を農地に与え続けることが農地と周辺の生態系に与える影響も大きい．大規模灌漑農業に代わる農業を模索していかなければならない．農産物の輸入は水の輸入といわれることがあるが，天水農業ではそのようなことはなく，生産地では使われた水は蒸発散により蒸留され，再びきれいな雨水となって農地に降り注ぐ．農産物に含まれる水は農業生産に使われる水と比べれば無視し得る．一方，土から農産物に移行した栄養分は農地の外に持ち出されると，短期的に再生されることはない．すなわち，農産物の輸出入は土の輸出入そのものであることが水と大きく違う点である．

かつては，農産物価格は気象条件に大きく左右されてきた．農業技術の発達により，ある程度自然の影響を回避できるようになった．しかし，今は，輸入農産物も含め農産物価格が原油の価格に連動するようになった．石油価格が生産費の中に占める割合が相対的に低いため，肥料や農作業に化石エネルギーをふんだんに使い，ハウス栽培では太陽の補助エネルギー源として石油を燃やし，そして遠く離れた生産地と消費地を結ぶ輸送エネルギーとして利用することで，石油は大量に消費されている．輸送する農産物の質量と距離の積で表されるフードマイレージという指標では，アメリカ，カナダ，オーストラリアからの輸入農産物が多い日本は，世界的見ても突出している．基本的な生存権である食べ物，その生産，流通が化石エネルギーに頼りすぎていること，食べ物の価格が投機という経済行為に振り回されていることはどう見てもまともではない．

福島県の原子力発電所事故を契機に自然エネルギーの利用拡大が叫ばれている．農産物はつい最近まで，太陽エネルギーと人力，畜力にたよって生産されてきた．大量の化石エネルギーを使い大規模に農業を展開し，低コストで作物を大量に生産するという行為は，有限な石油を燃焼し，多量の二酸化炭素を出すことからも将来性はない．輸送エネルギーという視点からは，食べ物と食廃棄物は小さな社会で循環させる方が理にかなっている．新鮮な野菜が摂取できない時期は漬け物として備蓄し，露地物で旬の野菜を味わうというかつての習慣の不都合は何であったのだろうか．次世代に貴重な農地，水，そして化石エネルギーを残しながら，安心して食を楽しむためには，私たちの食生活の見直しも必要である．

---

　戦後のベビーブームに生まれて育った私の世代の食生活は，今と比較すれば，間違いなく貧しかった．しかし，等しく貧しかったので，ムギ飯であっても，おやつはふかしイモだけであっても，ビフテキを食べることができなくても，惨めさを感じることがなかった．今，スーパーマーケットに行けば，ありとあらゆる農産物が溢れんばかりに並べられるようになった．しかし，富への飽くなき追求は，ブランド化されて庶民には手の届かない生鮮食品を生み出している．このような身近なことに，格差を感じてしまう．また，子供の頃は，飯を食うとばかになるといった宣伝により，粉食のパンの普及がアメリカのコムギ戦略で実行された．しかし，いつの間にか日本人の食生活は栄養バランスが非常によいといわれるようになった．今から30年以上も前のことである．しかし，西欧に追いつけ追い越せの国民的な波の中で食生活もどんどん変化していった．最近少し変わったと感じるのは日本のビジネスホテルの朝食である．朝食では和食か洋食かを聞かれることが多いが，最近は一時期よりも洋食が減って和食が増えたように思う．ただ，若い女性は相変わらず洋食が多いようである．将来の母親となる彼女たちに和食を食べてもらうにはどうしたらよいか．

# 参考文献

## 本書全般に関係する本

Bolt, GH. and Bruggenwert, MGM 著, 岩田進午・三輪睿太郎・井上隆弘・陽捷行訳, 土壌の化学, 309 p., 学会出版センター (1980)
土壌物理研究会編, 土壌の物理性と植物生育, 420 p., 養賢堂 (1979)
岩田進午, 土のはなし, 200 p., 大月書店 (1985)
粕渕辰昭, 土と地球, 233 p., 学会出版センター (2010)
久馬一剛, 土とは何だろうか？ 299 p., 京都大学学術出版会 (2005)
久馬一剛編, 最新土壌学, 216 p., 朝倉書店 (1997)
宮﨑毅・長谷川周一・粕渕辰昭, 土壌物理学, 138 p., 朝倉書店 (2005)
Montgomery, D., 片岡夏実訳, 土の文明史, 338 p., 築地書館 (2010)
田渕俊雄, 世界の水田日本の水田, 222 p., 農文協 (1999)

## 第1章 土の概要

Eavis, B. W., Soil physical conditions affecting seedling root growth I. Plant and Soil 36: 613-622 (1972)
日本ペドロジー学会編, 土壌調査ハンドブック改訂版, p. 75, 博友社 (1997)

## 第2章 水の貯留と移動

Baver, LD., Soil Physics 3rd. edition, pp. 283-285, John Wily & Sons, New York (1956)
Buckingham, E., Studies on the movement of soil moisture. U. S. Dept. of Agriculture Bureau of Soils. Bulletin 38: 9-61 (1907)
宮﨑毅・長谷川周一・粕渕辰昭, 土壌物理学, p. 27, 朝倉書店 (2005)
Richards, LA., Capillary conduction of liquids through porous mediums. Physics 1: 318-333 (1931)
Schofield, RK., The pF of the water in soil. Trans. 3rd International Congress of Soil Science, II: 37-48 (1935)

## 第3章 ガスの貯留と移動

位田藤久太郎, 蔬菜の根の通気必要度, 土壌の物理性 8: 13-19 (1963)
古賀伸久, 農地管理法の違いと土壌炭素, 土壌の物理性 105: 5-13 (2007)
森哲郎・小川和夫, 土壌の物理的要因と作物の生育に関する研究, 東海近畿農業試験場報告 16: 77-103 (1967)
西尾道徳, 土壌微生物の基礎知識, p. 170, 農文協 (1989)
佐々木美奈子, 泥炭土表層における二酸化炭素の生成と放出, 北海道大学大学院農学院修士論文, 63 p. (2012)

## 第4章 地温と熱伝導

粕渕辰昭, 地下水位一定条件下における土壌の水・熱収支, 農業土木学会論文集 75: 20-25 (1978)

粕渕辰昭，土壌の物理環境計測へのコンピュータの利用，土壌の物理性 47: 3-7 (1983)
Lal, R., Role of mulching techniques in tropical soil and water management, IITA Technical Bulletin 1: 1-38 (1975)
宮﨑毅・長谷川周一・粕渕辰昭，土壌物理学，p. 70, 朝倉書店 (2005)
中谷宇吉郎，書評自由学園叢書「霜柱の研究」，中谷宇吉郎随筆選集第1巻, pp. 401-404, 朝日新聞社 (1966)
鈴木伸治・柏木淳一・中川進平・相馬尅之，凍結・融解過程において凍土の熱伝導率が示すヒステリシスの発生機構，農業土木学会論文集 218: 97-105 (2002)

## 第5章　溶質の貯留と移動

Bolt, GH. and Bruggenwert, MGM 著, 岩田進午・三輪睿太郎・井上隆弘・陽捷行訳, 土壌の化学, pp. 139-156, 学会出版センター (1980)
ジュリー, W.・ホートン, R. 著, 取出伸夫監訳, 土壌物理学, pp. 223-243, 築地書館 (2006)
田村和杏，黒ボク土下層土の見かけの塩吸収による硝酸イオンの吸着と移動遅延，北海道大学大学院農学院修士論文, 40 p. (2009)
田村和杏・中原治・田中正一・加藤英孝・長谷川周一，見かけの塩吸収によるアロフェン質黒ボク土下層土の硝酸イオン吸着と移動遅延，日本土壌肥料学雑誌 82: 121-129 (2011)
村上知美，冬期・融雪期の土壌水分移動と硝酸態窒素の溶脱に関する研究，北海道大学大学院農学研究科修士論文, 31 p. (2006)

## 第6章　物質の収支と移動量の測定

飯村康二，水田土壌の化学(2)，山根一郎編，水田土壌学, pp. 181-232, 農文協 (1982)

## 第7章　水田

久馬一剛，土とはなんだろうか？pp. 119-151, 京都大学学術出版会 (2005)
Kohno, E., Paddy fields with all Asian types of water use in Thailand. in Tabuchi, T. and Hasegawa, S. eds., Paddy fields in the world, pp. 181-198, 農業土木学会 (1995)
田渕俊雄・黒田久雄・志村もと子，休耕田を活用した長期窒素除去試験，土壌の物理性 87: 27-36 (2001)
吉田武彦，我が国の田畑輪換の位置づけについて，土壌の物理性 39: 2-7 (1979)

## 第8章　暗渠排水

根岸久雄・多田敦・古木敏也・守谷貢・渋谷勤次郎・上村春美，重粘土地帯水田の土層改良と用排水組織に関する研究，農業土木試験場報告 10: 43-205 (1972)
農林水産省構造改善局，土地改良事業計画設計基準，計画「暗きょ排水」, 184 p. (2000)
田渕俊雄・中野政詩・鈴木誠治，粘土質の水田の排水に関する研究，農業土木学会論文集 18: 7-30 (1966)
田渕俊雄・中野政詩・住田章・丸山勇，粘土質の水田の排水に関する研究，農業土木学会論文集 18: 31-47 (1966)
高井宗広編，ブルックス札幌農学校講義, pp. 71-121, 北海道大学図書刊行会 (2004)

## 第9章　畑

青木大，多積雪地域の黒ボク土畑圃場における冬期間の溶質の移動，北海道大学大学院農学院修士論文, 89 p. (2007)
青木大・長谷川周一，多積雪地域の黒ボク土畑圃場における冬期・融雪期の水と溶質の移動,

農業農村工学会論文集 252: 33-40 (2007)
江口定夫, 黒ボク土畑圃場における水移動と硝酸塩の溶脱, 土壌の物理性 102: 19-30 (2006)
岩田幸良, 火山灰土畑における積雪・土壌凍結期間の土壌水分移動, 北海道大学学位論文, 131 p. (2009)(北海道農業研究センター報告, 194: 1-101 (2011))
Hasegawa, S. and Eguchi, S.: Soil water conditions and flow characteristics in the subsoil of a volcanic ash soil -Findings from field monitoring from 1997 to 1999-. Soil Sci. Plant Nutr., 48(2):227-236 (2002)
Marsh, B., Measurement of length in random arrangement of lines., J. Appl. Ecol. 8: 265-267 (1971)
宮﨑毅・長谷川周一・粕渕辰昭, 土壌物理学, p. 67, 朝倉書店 (2005)
森本聡・永田修・川本健・長谷川周一, 泥炭林土壌の温室効果ガスの生成と消失, 土壌の物理性 113: 3-12 (2009)
Newman, EI., A method of estimating the total length of root in a sample., J. Appl. Ecol. 3: 139-145 (1966)
農業環境技術研究所気象データ, http://niaesaws.ac.affrc.go.jp/weatherdata.htm
遅澤省子, 土壌中のガスの拡散測定法とその土壌診断やガス動態解析への応用, 京都大学学位論文, 124 p. (1994)(農業環境技術研究所報告, 15: 1-66 (1998))
佐々木美奈子, 泥炭土表層における二酸化炭素の生成と放出, 北海道大学大学院農学院修士論文, 63 p. (2012)

## 第10章 畑地灌漑
Hillel, D., Out of the Earth, pp. 108-119, pp. 141-158, The Free Press, New York (1991)

## 第11章 土と環境問題
カーターVG.・ディールT. 著, 山路健訳, 土と文明, 332 p., 家の光協会 (1995)
原田靖生, 家畜排泄物の循環利用の現状と課題, 農業環境技術研究所編, 農業を軸とした有機性資源の循環利用の展望, 農業環境技術研究所叢書13: 34-52 (2000)
Hillel, D., Out of the Earth, pp. 88-94, The Free Press, New York (1991)
ジュリー, W.・ホートン, R. 著, 取出伸夫監訳, 土壌物理学, pp. 267-269, 築地書館 (2006)
久馬一剛, 土壌侵食, 久馬一剛・祖田修編著, 農業と環境, pp. 43-49, 富民協会 (1995)
三島慎一郎, 農業に関わる物質収支の実態と課題, 農業環境技術研究所編, 農業を軸とした有機性資源の循環利用の展望, 農業環境技術研究所叢書13: 53-68 (2000)
上沢正志, 農地還元から見た有機性資源の循環利用の課題, 農業環境技術研究所編, 農業を軸とした有機性資源の循環利用の展望, 農業環境技術研究所叢書13: 68-85 (2000)

## 第12章 生きていくために
FAO, FAO協会訳, 世界食料農業白書2005年報告, p. 228, 農文協 (2006)
ジャック R・ハーラン著, 熊田恭一・前田英三訳, 作物の進化と農業・食糧, pp. 7-14, 学会出版センター (1984)
袴田共之, 農業生産における肥料に関するエネルギー投入について 2, 日本土壌肥料学雑誌 64: 194-205 (1993)
Huke, RE. and Huke, EL., Rice: then and now, 44 p., International Rice Research Institute (1990)
Koga, N., An energy balance under a conventional crop rotation system in northern Japan: Perspective on fuel ethanol production from sugar beet. Agriculture, Ecosystems and Environment 125: 101-110 (2008)

## 参考文献

久馬一剛,序章 農業と環境の現状,久馬一剛・祖田修編著,農業と環境,p. 17,富民協会 (1995)
久馬一剛,食料生産と環境,133 p.,化学同人 (1997)
レスター・ブラウン,バイオ燃料が食卓を脅かす,ARDEC 37: 19-20,日本水土総合研究所 (2007)
西川潤,データブック食料,79 p.,岩波ブックレット (2008)
農林水産省,食料・農業・農村基本計画,p. 19 (2005)
小川利紘,人間圏の成り立ち,小川利紘・及川武久・陽捷行編著,地球変動研究の最前線を訪ねる,pp. 37-52,清水弘文堂書房 (2010)
谷野陽,人にはどれほどの土地がいるか,171 p.,農林統計協会 (1997)
舘野淳,エネルギー利用と文明ーエネルギー本意論の試み,日本の科学者 45: 366-371 (2010)
内嶋善兵衛,食料生産システムのエネルギー分析,農業土木学会誌 69: 1241-1244 (2001)
宇田川武俊,農業生産におけるエネルギーの投入と産出,日本土壌肥料学会編,土の健康と物質循環,pp. 187-207,博友社 (1988)
山崎不二夫,水田ものがたり,188 p.,農文協 (1996)
吉田太郎,ポスト石油時代の食料自給を考える,山崎農業研究所編,自給再考,pp. 37-52,農文協 (2008)

## おわりに

中村桂子,生命を基本に置く社会ー農がもつ力への期待,水土の知 77: 785-793 (2009)

# 索　引

## ア　行

圧力ポテンシャル …………………15
アロフェン ……………………………5
暗渠管 ………………………………94
イオン交換 …………………………52
位置ポテンシャル …………………15
移流 …………………………………53
ウォーターロギング ……………146
畝間灌漑 …………………………131
永久荷電 ……………………………5
永久シオレ点 ………………………20
塩害 ………………………………146
塩類化 ……………………………146

## カ　行

加圧法 ………………………………15
外液 …………………………………51
火山灰土 ……………………………5
過剰灌漑 …………………………128
ガス拡散係数 ………………………34
ガス交換 ……………………………33
ガス収支 ……………………………63
下層土 ………………………………2
干害 ………………………………108
灌漑田 ………………………………69
間隙率 ………………………………7
含水比 ………………………………8
乾燥密度 ……………………………6
間断灌漑 ……………………………78
気相率 ………………………………9

## サ　行

吸水率 ……………………………108
吸着 …………………………………51
吸着等温線 …………………………52
組み合わせ暗渠 ……………………98
クラスト ……………………………27
顕熱 …………………………………42
耕区 …………………………………73
洪水調節機能 ………………………86
耕盤 …………………………………2
国土保全機能 ………………………85
固相率 ………………………………7
根長密度 ……………………………81

## サ　行

砂丘未熟土 …………………………7
作土 …………………………………2
産出／投入比 ……………………159
残水 …………………………………96
3 相分布 ……………………………6
湿害 …………………………………36
純放射 ………………………………42
硝化 …………………………………64
除塩 ………………………………150
代掻き ………………………………75
心土破砕 ……………………………98
浸入現象 ……………………………26
浸入前線 ……………………………26
深部浸透量 …………………………62
水甲 …………………………………99
水質浄化機能 ………………………87
水蝕 ………………………………141

## 索引

水頭 ………………………………… 16
水分特性曲線 ……………………… 17
水力学的分散 ……………………… 53
スプリンクラー灌漑 ……………… 133
スメクタイト ……………………… 5
素焼カップ ………………………… 15
生長阻害水分点 …………………… 129
生物多様性 ………………………… 88
洗脱割合 …………………………… 149
潜熱 ………………………………… 42
層位 ………………………………… 2
相対ガス拡散係数 ………………… 35
粗間隙 ……………………………… 28

### タ 行

体積含水率 ………………………… 8
体積熱容量 ………………………… 45
滞留時間 …………………………… 118
脱窒 ………………………………… 83
脱窒菌 ……………………………… 38
脱着 ………………………………… 52
多面的機能 ………………………… 86
ダルシーの法則 …………………… 21
弾丸暗渠 …………………………… 98
団粒 ………………………………… 10
遅延係数 …………………………… 57
地温 ………………………………… 42
地下水涵養 ………………………… 80
地下水涵養機能 …………………… 86
地中熱伝導 ………………………… 42
窒素収支 …………………………… 65
地表排水 …………………………… 93
チャンバー法 ……………………… 32
貯水量 ……………………………… 62
テンシオメータ …………………… 17
天水田 ……………………………… 69

点滴灌漑 …………………………… 131
動水勾配 …………………………… 22
床締め ……………………………… 72
土壌硬度 …………………………… 11
土壌呼吸 …………………………… 31
土壌侵蝕 …………………………… 141
土壌保全機能 ……………………… 86
土壌劣化 …………………………… 103
土性 ………………………………… 3
土粒子 ……………………………… 3

### ナ 行

内部排水 …………………………… 93
中干し ……………………………… 78
日減水深 …………………………… 79
根呼吸 ……………………………… 31
熱伝導率 …………………………… 45
粘土鉱物 …………………………… 5

### ハ 行

灰色低地土 ………………………… 8
バイパス流 ………………………… 28
バッキンガム・ダルシー式 ……… 24
破砕転圧工法 ……………………… 72
汎用土壌流亡式 …………………… 142
汎用農地 …………………………… 89
ピートプローブ法 ………………… 46
ピストン流 ………………………… 56
微生物呼吸 ………………………… 31
フィックの法則 …………………… 34
風蝕 ………………………………… 141
フーリエの法則 …………………… 45
不易層 ……………………………… 44
不凍水 ……………………………… 47
不飽和 ……………………………… 7
不飽和透水係数 …………………… 24

不飽和流 ……………………23
フラックス …………………22
分配係数 ……………………52
平衡状態 ……………………14
変異荷電 ……………………5
ポアボリューム ……………56
飽和 …………………………7
飽和透水係数 ………………22
ボーダー灌漑 ………………133
圃場容水量 …………………114

## マ　行

マトリックス ………………28
マトリックス流 ……………28
マトリックポテンシャル …14

水収支 ………………………61
毛管現象 ……………………13
毛管飽和 ……………………17
毛管モデル …………………19

## ヤ　行

有効水分量 …………………129
溶質収支 ……………………64
用排兼用水路 ………………73
余剰窒素 ……………………138

## ラ　行

ライシメータ法 ……………66
流出濃度曲線 ………………54

## おわりに

　研究者として農水省の研究所にいた 22 年の経験と教員として大学で 10 年の教育経験に基づいて本書を書き始めた．よく考えてきたこと，知らなければならない，教えなければならないと感じて勉強してきたこととを中心に解説してきた．そのため，各章の内容に強弱がある．本書は単一の授業科目の教科書を念頭に書いたのではなく，主に，農学部の学生に土の大切さ，面白さを伝えたいという発想が原点だったので，私の土壌観に強弱があることを理解していただきたい．

　本書で注目してきた物質の貯留と移動は，土壌物理学という分野が対象としており，その基本は数学モデル(数式)で表せるという特徴がある．加えて最近のパソコンの発達は，理解が可能となった現象についての予測に走りがちである．その結果，野外で実際の土に触れながら研究をする機会が少なくなっているように感じられる．これは，地球温暖化について古気候学に基づいて研究を進めるのではなく，スーパーコンピュータを道具に，エアコンのきいた部屋で大気の循環モデルを気象学から研究している様子と似ているようだ．大半の研究者は既存のモデルを自分の対象とする土壌や地域に当てはめるためのパラメータを探していることだろう．そのようなことよりも，野山に出て土に刻まれた歴史を考え，自然現象の実態をつぶさに観察し，そこからモデルを作り上げる方がずっと面白いと思うのだが，そうはなっていないようだ．小学生に理科嫌いはいないということを聞いたことがあるが，そのまま育ってくれれば，野山に出て現象を解明し，かけがえのない土を守ってくれる人になってくれるだろう．教育にも工夫が必要と感じる．

　生命誌研究者の中村桂子氏は，「生き物にとって大切なのは続くことであり，機械にとって大切なのは効率である．ここから，食料は人間が

生き続けるための継続性が重視され，一方の生産は効率が重視され，継続性，言い換えると持続可能性が軽視されるということになる．さらに，機械の利便性・均一性に対し，生き物は継続性・多様性が大切である」と述べておられる．これは，農業を産業として見ると単一の作物を大規模で生産することであり，食料供給として見ると多様な食料の供給ということになるだろう．貨幣経済の中で生きる人間の葛藤の原因がこの継続性と効率性にありそうだ．読者には作物の生産と環境の保全のために果たす土の役割を思い出しながら継続性と効率性を考えていただきたい．

　本書を読んで土に親しみを感じ，作物生産の場である農地に目をとどめていただけたら大変嬉しい．

　金子 みすゞは「土と草」の中に次のような詩を残している．

　　母さん知らぬ草の子を，何千万の草の子を，土はひとりで育てます．
　　草があおあお茂ったら，土は隠れてしまうのに

　本書を閉じるに当たり，水田について長年にわたり教えを受けた田渕俊雄さんに謝意を表します．また，畑の現象は農業環境技術研究所の元土壌物理研究室の研究員であった粕渕辰昭さん，吉川省子さん，江口定夫さんの研究成果を引用させていただきました．また，北海道大学大学院農学院土壌保全学研究室で一緒に研究を行った卒業生に感謝します．

　最後に，40数年ともに土壌物理学を対象とし議論をし，原稿の段階で多くの指摘をいただいた粕渕辰昭さん，宮﨑毅さんには大変お世話になりました．私たちの共通の師で多くの話をさせていただいた今はなき岩田進午さんに本書を捧げます．

2012年夏　積丹町野塚にて　　長谷川周一

**著者略歴**
長谷川周一　（はせがわ　しゅういち）

| | |
|---|---|
| 1948 年 | 東京生まれ |
| 1971 年 | 東京農工大学農学部卒業 |
| 1978 年 | 北海道大学大学院農学研究科博士課程修了 |
| 1977 年 | 国際稲研究所植物生理部リサーチフェロー |
| 1979 年 | 農林水産省農業土木試験場 |
| 1989 年 | 農林水産省農業環境技術研究所 |
| 2001 年 | 北海道大学大学院農学研究科 |
| 2011 年 | 北海道大学定年退職，名誉教授 |

**受賞**

| | |
|---|---|
| 1986 年 | 昭和 61 年度農業土木学会賞奨励賞 |
| 2002 年 | 第 47 回日本土壌肥料学会賞 |
| 2003 年 | 2003 Soil Science and Plant Nutrition Award |

**主な著書**

Physical measurements in flooded rice soils- The Japanese methodologies ( 共編著，IRRI，1987)
Paddy fields in the world ( 共編著，農業土木学会，1995)
環境土壌学 ( 共著，農業土木学会，1998)
環境負荷を予測する ( 共編著，博友社，2002)
土壌物理学 ( 共著，朝倉書店，2005)
Foot prints in the soil ( 共著，Elsevier，2006)

---

JCOPY <( 社 ) 出版者著作権管理機構　委託出版物>

2013年 4 月 8 日　第 1 版発行

**2013　土 と 農 地**

著者との申し合せにより検印省略
©著作権所有

著　作　者　長谷川　周一（はせがわ　しゅういち）
発　行　者　株式会社　養賢堂
　　　　　　代表者　及川　清
定価 (本体2400円＋税)
印　刷　者　株式会社　丸井工文社
　　　　　　責任者　今井晋太郎

発　行　所　株式会社 養賢堂
〒113-0033　東京都文京区本郷5丁目30番15号
TEL 東京 (03) 3814-0911　振替00120-7-25700
FAX 東京 (03) 3812-2615
URL http://www.yokendo.co.jp/
ISBN978-4-8425-0514-5　C3061

PRINTED IN JAPAN　　製本所　株式会社丸井工文社

本書の無断複写は著作権法上での例外を除き禁じられています。
複写される場合は，そのつど事前に，( 社 ) 出版者著作権管理機構
(電話 03-3513-6969，FAX 03-3513-6979，e-mail:info@jcopy.or.jp)
の許諾を得てください。